达成小目标

高效能人士迅速增值的目标管理法

[美]唐·加博尔 —— 著

张怡蔓 —— 译

湖南人民出版社

图书在版编目（CIP）数据

达成小目标 / （美）唐·加博尔（Don Gabor）著；张怡蔓译. —长沙：湖南人民出版社，2020. 2

ISBN 978-7-5561-2282-0

Ⅰ. ①达… Ⅱ. ①唐… ②张… Ⅲ. ①成功心理—通俗读物 Ⅳ. ①B848.4-49

中国版本图书馆CIP数据核字（2019）第261199号

BIG THINGS HAPPEN WHEN YOU DO THE LITTLE THINGS RIGHT:A
5-STEP PROGRAM TO TURN YOUR DREAMS INTO REALITY BY DON
GABOR
Copyright: ©2010/2013 DON GABOR
This edition arranged with Conversation Arts Media
Through BIG APPLE AGENCY,INC.,LABUAN,MALAYSIA.
Simplified Chinese edition copyright:
2019 Changsha XiaohouKuaipao Culture Communication Co.,Ltd.
All rights reserved.

DACHENG XIAOMUBIAO

达成小目标

著　　者	〔美〕唐·加博尔
译　　者	张怡蔓

出版统筹	张宇霖
监　　制	陈实　张玉洁
产品经理	傅钦伟　姚忠林
责任编辑	田野
责任校对	曾诗玉
封面设计	阿鬼设计

出版发行	湖南人民出版社〔http://www.hnppp.com〕
地　　址	长沙市营盘东路3号
电　　话	0731-82683357

印　　刷	湖南凌宇纸品有限公司
版　　次	2020年2月第1版
	2020年2月第1次印刷
开　　本	880mm×1240mm　1/32
印　　张	8.875
字　　数	200千字
书　　号	ISBN 978-7-5561-2282-0
定　　价	48.00元

营销电话：0731-82683348　（如发现印装质量问题请与出版社调换）

前　言

我时常以下面的小试验作为我"达成小目标"工作室课程的开场。首先我会等每个人舒服地坐下，然后告诉他们起身并拿起自己的随身物品，在旁边再找个地方坐下。不出意外，你会感受到大家的连连抱怨和对我的阵阵白眼！不过大多数人也就犹豫一会儿，便站起来换座位。

紧接着，我说："等等，大家可以回到原位。"他们便会大大地舒口气，纷纷坐回原位。

随后，我会抛出这个问题：当我让大家换座位时，显然你们多数人感到很麻烦。为什么呢？有人说他们的位子很舒服不想换，有人说他们喜欢和朋友坐一块，也有人说在现在的位子看得很清楚，还有小部分人不喜欢被别人指挥，但是大多数人还是认为如果必须换座位的话他们是可以换的。他们还说新座位离原来的座位越近，就越容易做出改变。

然后我问道："如果在同一个屋子里换个座位如此小的改变

都会令你不适，那么做出大的改变会让你有何感受呢？"大家哈哈大笑，领会到了我的用意：如果做出小小的改变都让人苦恼，那么要实现大的变化简直是天方夜谭。

我们大多数人渴望取得个人生活和职业生涯上的成功，但是却常常不愿意或不能够做出必要的改变来达成我们的目标。原因很简单，做出大的改变令人心生恐惧，而且通常十分困难。但我坚信你的梦想能成真，秘诀就是：设定并瞄准一个具体的大目标，采取很多小而计划周详的步骤来实现。

这本书能如何帮助你

你想做出个人或职业上的改变，完成雄心勃勃的目标，实现终身梦想吗？这本书会帮到你：

◆ 更换职业方向　◆ 找到新工作　◆ 存一笔钱　◆ 创业

◆ 搬新家　◆ 取得大学学位　◆ 找到一个伴侣

◆ 改进你的人际关系　◆ 婚姻　◆ 建一栋房子

◆ 写一本书　◆ 学一门外语　◆ 掌握一门新的电脑程序

◆ 升职　◆ 取得一个新发明　◆ 提高身体素质

◆ 环球航行　◆ 攀登一座山　◆ 跑一场马拉松赛

◆ 实现你渴求的任何其他目标——只要你愿意下决心投入其中

如何利用这本书

　　《达成小目标》是基于技能、态度和练习的书，帮助你和其他众多人实现了大大小小的目标。这本书展示了助你实现中期和长期目标的五步计划，简单明了。全过程如下所示：

　　决心+计划+行动+坚持=达成目标

　　每一章都提供了重要的信息，大量的范例，以及你能做的具体事情，来完成那些引领你成功的小步骤和中期目标。每章末尾中独树一帜的解决问题策略练习和后续行动方案，为你提供了亲身实践的机会来运用你所学技能。并且，每一章的结尾都有小事情清单和下一章内容概述。

　　我鼓励你们用一个单独的练习本，在上面做本书中的练习。

随着你完成每一个练习，你学到的技能将帮助你把梦想变为现实。若你能专心致志地努力，并愿意放手一搏，你会踏上实现长期目标之路。

你准备好了从生活中取得你之所想，并让你最有野心的梦想变成现实吗？如果是，那么现在开始第一步吧。对自己承诺读完这本书并做完这些练习，这些内容非常有趣，能增加见闻且非常有启发性。通过每次采取一个步骤，专注于你的长期目标，使出浑身解数。

你会发现，当你达成小目标，你就能实现大目标。

目 录

攻略一

全情投入一个大目标

踏上成功之路的第一步是确立你的长期目标

当你投入一个目标前，就会有迟疑，也可能退缩，或总是徒劳……无论你能做什么或是怀揣怎样的梦想，你可以开始行动了。勇敢里蕴藏着天赋、力量和魔法。现在开始行动吧。

——约翰·沃尔夫冈·冯·歌德（1749—1832）

德国著名诗人和剧作家、思想家

1

五年后你想在哪里？

> 成功只有一种——你有能力以自己的方式度过一生。
>
> ——美国作家克里斯托弗·莫利
>
> （1890—1957）

21 岁生日那年，我的父亲问我："唐，你的五年计划是什么？"

"五年计划？"我倒吸一口气，"我连接下来的五分钟要做什么都不清楚啊！怎么能指望我知道未来五年我会做什么呀？"

"那行，你想要什么呢？"他问。

"我只想过得开开心心。"

"什么能让你过得开心呢？"

"我不知道啊！"我说。然后我们的谈话结束了——至少是暂时结束了。

在人生的那个时间点上，我不知道自己要做什么，更不知道何时该做，就连什么事能让自己快乐都没有一点想法。就如大多数的年轻人，我想尝试不同的事情，只有当我碰到让我快乐的事情，我才会知道。也正如大多数人一样，我经历了大大小小的成功与失败。

后来我终于觉察到多年前我的父亲试图与我沟通的理念。如果早知自己要做什么，何时该做事，我便可以从结果出发，逆向操作完成任务。一旦心中有了坚定的目标，我便可借此明确从今天起的未来 3 年、2 年、1 年、6 个月、1 个月、1 周，乃至 1 天要做的事情，直至达成这一目标。

举例来说，1973 年，在担任小学音乐课代课老师数月后，我梦想着能够得到一份全职教师工作。问题是，我必须回到学校考取我的永久教师资格证。为达成这一长期目标，我的第一步是搞清楚这一过程需要多长时间。然后我逆向操作，明确实现目标每一步要做的事。Bingo（太好了）！两年后（一路经历了一些磕磕碰碰，也得到一些帮助），我获得了小学教师资格证和小学音乐老师的全职工作。

决定你要做的事并使之实现

> 年轻人告诉你他们正在做什么，老年人会诉说他们的成就，而其他人会说他们要做什么。
>
> ——加拿大作家劳伦斯·彼得
>
> （1919—1990）

你在等待美好的事情发生在自己身上吗？当别人问你生活中最想要的是什么？你会头脑一片空白，感叹道"买彩票中头奖"吗？当别人问你会如何描述自己未来的成功，你会答道，"成功的时候不就知道了"吗？换言之，你的生活哲学是否如此——"我相信命运。该来的总会来的。"

如果以上例子能描述你的思考方式，那么你绝不是一个人。多项成人调查一致显示 10 人中只有 1 人有会确立长期目标。剩下 9 人会被动地随波逐流，等着变化来临时才做改变。如果你没有特别的人生之路，这种想法倒无妨。然而，如若你有更大的梦想，步步为营才能助你将梦想化为可能。踏上成功之路的第一步是确立你的长期目标。

依据"宏图"， 领会长期目标

一个长期目标就如北极星：它是给你指明方向，带给你方向感的一个常数因子或定向点。一个长期目标就是你想要实现的"宏图"或是长远观点。客观地说，可将一个长期目标视为一个历时 6 个月至 5 年之间的某种尝试。举例来说，达成一个 6 个月的长期目标可以是去学驾照或是找份新工作。5 年或是耗时更久的长期目标可能是建立一个成功的小型商业公司或是取得大学学历。

你的长期目标——不论是 55 岁退休，亦或成为演奏会小提琴家，亦或赡养家人——必须专注在你的努力上。如果没有确立清晰的目标，你很有可能浪费时间，失去实现个人或职业抱负的大好机会。诚然，生活不保证万无一失，但如果你有了长远目标，那么你便在踏上梦想之路前便确立了你的目的地。

有个叫史蒂夫·乔布斯的男孩，在他12岁那年给比尔·休利特打电话，后者是惠普的董事长和创始人，小男孩请求获得一些电脑零件，如此便可组装自己的电脑。小小年纪，他便了解设定长期目标的力量。史蒂夫·乔布斯沿着这样的路，从未停止，最后创造了苹果公司。

如何让梦想照进现实

> 梦想是我们品格的试金石。
>
> ——美国散文作家亨利·大卫·梭罗
>
> （1817—1862）

你还在梦想着完成伟大的事业吗？如果你与其他芸芸众生一样，你的野心很可能在慢慢消逝。你有可能，已经有太久没有拾起你的期望和梦想，甚至都已经忘了它们最初的模样。那么，请你踏出一小步，再次确认自己终生的梦想吧！梦想之于你的成功至关重要，因为梦想是助你行动的燃料。有了决心、计划和行动，你的梦想就能从可行的目标转变成现实。

年轻的时候，我爱与陌生人攀谈，因为我总能从中收获欢乐和趣味。我从不知道这些交谈会引向什么方向或是我什么时候可以交上新朋友，但我能肯定这些交谈一定很有意思。我最喜欢的一个高中老师曾给我起了个诨名，"话痨"。他常常说，如果我能靠说话吃饭，我一定是得到了"梦想的"工作。打那时起，我第一次梦想着靠说话赚钱。今天，我是一个职业演说家、交际训练师和作家。我的梦想照进了现实。只是首先我必须确定我要实现的是什么。

我曾经梦想成为一名兽医。然而，当我认清自己是个大学数学和化学学渣这一现实时，我发觉我的才能应该用在别处。即使这样，如今我在家里给我们的 5 只猫和 1 只马来箱龟扮演起家庭兽医的角色。这个情况下，我的兽医梦转变为让我受益的兴趣爱好。

另一个梦想家——比尔·马里奥特，他曾想在全球创立成功的连锁酒店。他是这样描述自己的梦想的："我怀揣着三个主要的想法开始了创业。第一是为我们的客人提供最好的服务。第二是以实惠的价格为客人提供高品质的食物。第三是我要日以继夜，兢兢业业，竭尽所能地创造利润。"马里奥特很早便知道自己所要达到的目标，而今他的连锁酒店遍布世界各个角落。

将你的宏图目标具体化

你想变得富有吗？你想变得幸福吗？你想拥有荣誉和声望吗？如果你只是做做白日梦，倒也无妨，但要将这些当做目标，都太空泛了。应该尽量详细地定义你的长期目标，一定要具体。要一直问自己这个问题：我想要完成什么事情呢？以下有几种具体的方式来回答这个问题：

·我想每年赚1万美元，直到50岁，那样我就可以退休并到全国各地去旅游。

·我想每个月读一本书，这样我能提升对周围世界的理解力。

·我想在6个月内在我喜欢的计算机行业找到一份工作。

·我想在3年内学会弹奏吉他，然后进行专业表演。

·我想每周存50美元，如此未来4年里我能存1万美元用来支付我梦想之家的首付。

·我想取得烹饪本科学位，这样我就能开自己的餐馆了。

了解自己要发展的方向是第一大步骤。越清楚自己长期目标的宏图，你就越容易明确实现目标所要经历的大步骤和小步骤。比起对自己梦归何处还模糊的时候就上路，对自己的目标了然于心才更有机会抵达梦想的彼岸。伟大的传奇棒球手尤吉·贝拉曾说过："如果你不知道自己要去的地方，那么你可能会止步于某个地方。"

练习一

开启你的梦想机器

解决问题的策略：

明确你的目标

这一策略能助你明确有价值并可行的目的。

问题是什么？若非你清楚确定自己的所有目标，否则越过障碍实现梦想会很艰难。当你能用语言描述自己的梦想，就是你开始了解决问题和制定目标的过程。

该做些什么：此项练习的目的是明确你的一些长期目标及其益处。接下来的一页中，在每一个椭圆框内写着有关你想要达成的目标的描述，接着在每个椭圆外面的直线旁添加几句关于达成你目标的益处。在此我为您列出一个范例。

后续行动

你可能梦想着实现很多事情，但要将你的抱负变成现实，需要努力、专注、欲望和耐力。因此，下一步就是要选择一个你想要专注的梦想——至少针对本书中的练习而选择一个。如果你不太确定要追寻哪一个梦想——

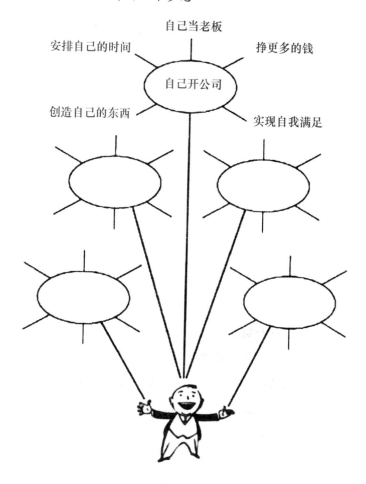

安排自己的时间 　自己当老板 　挣更多的钱

自己开公司

创造自己的东西 　实现自我满足

未来五年你的发展方向

选择一个看起来对你来说最有价值而有趣的梦想。然后，随着你在每一章后练习的完成，当你坚定自己真正想要完成的梦想时，你就会知道该做什么了。

请完成本书中的练习，写下想要专注的大梦想是：

小事情清单

以下是一些在你思考自己的长期目标时需要考虑的问题。这些答案将有助于你厘清你要去哪儿，当你到达目的地你要做什么等问题。

· 我最让自己引以为傲的成就是什么？

· 哪些兴趣爱好给予我最大的满足感？

· 我有哪些能力可以为他人创造更好的生活？

· 基于我过去失败和成功的经验，我的下一个目标是什么？

· 有什么事是我曾经搁置但仍想去做的？

· 什么目标能给我带来最大的个人成就感？

下一步是什么？

现在你已然有了一个长期目标，精准打击，准备好继续闯关第 2 章吧。下一步是明确你的动机。

2

你做这件事的最大动机是什么？

> 一个人若能充满自信地向着他的梦想前行，并且努力践诺他的向往，他会在他平淡的日子里邂逅意外的惊喜与收获。
>
> ——美国散文家亨利·大卫·梭罗
>
> （1817—1862）

你启动了大项目却会随即停止吗？你会在重要的事业开启时兴致高昂、摩拳擦掌，却在举步维艰或是倍感无聊时放弃吗？你是否曾经换过一个又一个职业，但仍然没有找到让你开心的工作呢？你的父母或朋友是否试图建议（委婉地或直接地）他们觉得你应该"为你的人生采取行动"呢？你会不计后果便做出重要决定吗？你是否处在人生某个关口，需要为你的未来做决定，但却不知道如何整理这些细节呢？

通过厘清你追求某个特定目标的一些原因，你便能够下决心去完成这个目标或是将你的努力放到其他地方去。举个例子，如果你要上法学院，只是因为别人觉得这是最合适你做的事，那么一旦开始，你可能会觉得功课很难而且学费昂贵，并且没有动力去完成学业。你不仅无法投入，而且很可能错失自己真正的使命。

你做这件事的真正原因是什么？

> 你不能把人推上梯子，除非他自己愿意爬上去。
>
> ——美国钢铁大王安德鲁·卡内基
>
> （1835—1919）

仔细审视追逐某个特定目标背后的那些原因，能帮助你决定达成目标是否真的会满足你的需要和欲望。举个例子，假如你是个销售经理，由于厌倦了现在的工作，正在考虑搬到其他城市。起初，你遵循这一逻辑"换个环境就像去度假一样"。在你坦诚地检视你要搬家这一欲望背后的原因后，你承认了自己真正的动机。你被无休无止的截止期限弄得精疲力竭，对写销售报告感到无聊透顶，疲于应付过分讲究的客户。无论你选择去哪里生活，只要还从事销售，将无法避免同样的烦恼。因此，搬到其他城市不太可能解决你的问题。一旦你得出这个结论，考虑转到其他部门会对你更加有益处。或者，你可以考虑接受再培训从事新的职业，而不是更换你家的地址。

考虑追寻目标的后果

> 独自飞越大西洋——同其他活动一样——开始总比完成容易得多。
>
> ——第一位独自飞越大西洋的女飞行员阿梅莉亚·埃尔哈特
>
> （1897—1937）

你是那种自发性类型的人吗？会单纯地因为崇高的期望或不切实际的想法实施重大的目标吗？不假思索地做出追寻某个目标的决定会对长远的未来造成一系列后果。通过回答特定的问题，你可以免于做出冲动的决定，避免一失足成千古恨，再开始追寻一个目标。以下的例子，是关于我如何利用 6 个问题帮助自己思考是否要追寻教师的职业。

受质疑的目标：
我应该回归大学取得教育学位吗？

问题 1：追求这个目标都有哪些好处和坏处？

回答：有利的一面是如果取得教育学位，我就能获得更多职业机会。不利的一面是我不得不放弃在乐队的演奏，并且要教更多的吉他课来支付学费。

问题 2：现在是做此决定的正确时候吗？

回答：我越早开始返校学习，便能越早完成教育学位，然后得到全职教学工作。况且，本地大学提供 9 个月学位认证课程，而不是 12 个月的常规学位课程。

问题 3：追求这一目标的回报值得去冒风险吗？

回答：我会囊中羞涩，而且不能立刻得到全职的教学工作，但当工作计划来了，我是万事俱备并且有资质的。

问题 4：这是个冲动的决定吗？

回答：我当过两年的代课老师，我很享受在课堂上给孩子们上课。

问题 5：我花费的时间和投入能给我带来怎么样的收益？

回答：我要努力学习 9 个月并花掉一些钱，但我会获得让我有好生活的终生教师资格证。更别说，我很喜欢教育孩子们学音乐，因此我会享受这一职业。

问题 6：追寻这一目标会对我的日常生活有怎样的影响呢？

回答：我很有可能无法像现在这样拥有丰富的社交生活，而且我真得小心查看我的开销。不过，我能在周末看我的朋友，还能每晚教吉他课来赚钱维持生活。

回答了这 6 个问题后，我可以很自信地说，回归课堂去争取教师资格证是一个特好的职业决定，我做得对！

制作优点和缺点清单

当考虑是否追寻某个目标时，让我们进一步看看如何使用"优点和缺点"清单。我的父母曾在我权衡一个目标的优点和缺点时给了我一些简单却很有用的建议。首先，将一张纸分成两栏，分别写上"优点"和"缺点"的标题，然后开始列出明细。当你看到一个计划的好处和坏处时，你能更简便地将他们分门别类。而后你能回答这两个问题：我得到了什么？我失去了什么？

举个例子，我在小学任教快 6 年了，一直想做些新鲜事。在我的女朋友提出搬去纽约的想法后，我便决定列出以下的优点和缺点清单：

搬家去纽约的优点

· 居于各种艺术的中心
· 找到一份更有创造力的职业
· 追寻音乐和出版事业
· 提高我的收入
· 交新的朋友
· 实现住在那里的梦想
· 跟着专业的音乐家学习
· 和充满创造力的人们住在同一城市

搬家去纽约的缺点

· 与老朋友失去联系
· 离开乡村安静的家
· 放弃稳定的教学职位
· 失去音乐课的生意
· 在生存艰难的大城市找房子
· 开始新的生意
· 失去稳定的收入
· 令我的父母失望
· 更高的生活成本
· 音乐教师竞争激烈
· 生活的地方治安欠佳

在本章结尾，当做练习，你会有机会列出自己做出某个决定后的优点和缺点清单。当你制作清单时，请铭记制定和呈现大目标不仅会影响当下，还会产生长远影响。此时你认为让你受益的优点有可能成为彼时的不利条件。要确定一个决定的优点和缺点，须尽可能将你的行动对未来产生的后果进行延伸评估。举个例子，一个大学运动员可能会在大三收到加入职业队的通知书。一方面，眼下就能挣大钱看起很有吸引力，另一方面，伤病或表现不佳（以及放弃大学学位）可能丧失未来大学队或职业队的机会。

将达成目标的益处可视化

> 那些最懂得实践的人，可能最会做梦。
>
> ——加拿大经济学家史蒂芬·李科克
>
> （1869—1944）

将益处可视化是让你决定是否继续追寻目标的另一种手段。运用你的想象力将未来可视化。思考在你策划和达成目标时对你自己和别人所产生的一切益处。在你脑海里勾勒出因你的成功，你自己和他人得到提升的生活画面。想要帮助自己可视化实现个人或职业目标所得的益处，问问自己这些问题：

· 当我实现这一职业目标，我期望我的职业生涯有何改变？

· 当我实现这一目标，我希望得到怎么样的经济收益？

· 当我实现这一目标，我期待的个人生活会是怎样的？

· 当我实现这一目标，我期待我的家庭生活会得到何种提升？

· 当我实现这一目标，我会对自己有何种感受？

· 当我实现这一目标，我期望我的社交生活会得到何种提升？

· 当我实现这一目标，我期望其他人能用何种方式受益？

承认负面影响的存在

> 我犯过错，但我从未犯错说我没有犯过错。
>
> ——美国著名报人詹姆士·戈登·贝内特
>
> （1841—1918）

一方面积极可视化帮助你看到朝着目标努力所获的益处，一方面也要思考如若事情不遂你愿，会发生什么。思考你的行动要承担的风险，并将它们作为决策过程中的因素，这一步至关重要。而后，若你认为这些回报值得冒这些风险，便可以下定决心放手追寻你的目标！

忽视或否认任何逐梦而行的不利面，不论开公司，改换职业，抑或建造房屋，都会走向失败。尽管思考困难的事情会让人或沮丧或痛苦，但评估你的追求的潜在成本，弄清谁来承担这个代价，这点很重要。提出负面因素并不意味着寻思回避这些负面问题；只是意味着知晓承认它们的存在和影响。否定寻梦时遇到的负面问题并不能使之自行消失；它们会在你最不想它们出现的时候，无可避免地跃出来咬你一口。

以下问题将帮助你揭露追寻梦想时可能遇到的负面结果。在追寻某个目标时，问问你自己：

· 我和我的家人会面临什么样的困境？

· 我和我的家人需要做出什么样的个人和经济上的牺牲呢？

· 我的人际关系会遭遇不好的变化？

· 我的经济状况会遭受怎样的损失？

· 这样的追求会如何影响我（或其他人的）身体或情绪健康？

· 我该如何应对不断增加的经济和情绪压力？

· 我会在多长时间内感到经济和情绪上的压力？

认定较其他后果更重大的后果

在一些方面你或许认定了你和你的家人可能需要做出牺牲。但你可以聚焦在那种不经处理就会导致的失败，或是引起难以应付困难的某一个薄弱点，或是后果上吗？要认定你计划中的某个"致命失误"，问问你自己：在你追寻目标时遇到的所有可能的后果中，哪一个最有可能伤害你或你的家人？

举个例子，我认识一个目标性极强的创业家，他做两份工作，并利用业余时间创业。他雄心勃勃的最大负面影响是他的妻子和孩子很少见到他。当他的家人真正看到他时，他不是太累，就是太忙，身体也每况愈下。终于，在多年的忽视后，他的妻子与他离婚了，家庭分崩离析。在这位男士的计划中，致命失误在于他将自己做生意的野心置于他家人的健康和幸福之前。

如果你的计划中存在致命失误，致使你的追求不切实际，那么你就需要认真考虑放弃或者调整这一目标，直至某些情况改变。换言之，如果在经过直率的思考和开诚布公的讨论后，每个相关的人都能接受并应付最严重的后果，那么你克服这一最具威胁性障碍的可能性大大增加。

相信你的直觉

当做小的决定时，我总是发现，罗列出利弊是件很有用的事。不过，当做大的决定，比如决定终身伴侣或寻找理想职业时，就应该依靠我们的潜意识，因为这个决定来源于我们的心理。

——奥地利内科医生西格蒙德·弗洛伊德
（1856—1939）

不论你如何仔细或客观地比较鉴别某个特别决策的利弊，总有一刻需要你倾听自己的直觉，问你自己：

·我对这个目标的真正感受是怎么样的？

·这真的是我长远所需的吗？

·这对所有相关的人来说是最好的决定吗？

·谨慎地衡量过某一目标的利弊后，是时候倾听你的直觉了。如果你的直觉告诉你这是正确的决定，那么勇往直前追梦吧——毫无保留地努力。

如何在追寻目标时偏转外部压力

> 尽管你的身边没有那么多建言献策的人，但不要放弃采纳你自己灵魂的意见。
>
> ——谚语

不论提供意见的是你的父母、朋友、同事或是治疗师，总有形形色色的人们乐于给你提供建议，告诉你该如何生活。当然，他们中的有些建议是好的——甚至十分宝贵。但我们得面对现实，有些建议对别的人来说可能正确，但对你可能是错误的。

举例来说，非常火的脱口秀主持人罗西·奥唐奈一直以来都想进入表演领域，但不是每个人都看好她。面对别人热心提供的建议，她这样解释了自己的决心和态度："当我还在努力成为一个电影明星时，人们告诉我该放弃了，因为我太顽固，太纽约风格，太胖了。但我没有听他们的。我想着，'你们都是蠢货'。"

有些人可能会给你施压，让你做出你根本不想要或完全没准备好的承诺。如果你感到某个特定的追求不适合自己或是与你的目标和梦想不一致，那就要坚定地申明自己的主张。你可以说："不，我不想那样做。我感谢你的关心和建议，但那种做法不适合我——至少是现在不适合。"父母或同龄人的压力是难以忍受的，特别是当你很少为自己做决定，抑或在精神上或金钱上很依赖他人的支持。然而，当你学会用以下这些申辩技巧，你就能坚定自己的立场，而不会在被别人施压之后做出让自己后悔的决定。

应对强势父母的行为准则

以下的行为准则将帮你保持泰然自若，转移一个强势的父母或亲戚施加在你身上的压力。

·1·在回应一个强势的亲戚给予的言辞强硬的建议前，沉默至少5秒钟。这样能显出你有倾听对方并且正在思考对方的话（这样也给你自己留出片刻来思考他或她说的话）。

·不要立刻回绝你那强势亲戚的建议。因为有可能，他或她所说的某些方面是一针见血或有用的。可以回应说你会好好想想的（这种方式可能暂时安抚得了强势的家长，但不长久）。

·2·要问强势的人"假如……会怎样"这样的问题。比方说："假如我成了一个法律助理，可我很讨厌这工作。那时你会给我什么建议呢？"你也可以提及他或她以前给出的那些没啥用的建议（这种策略可能避免别人强塞给你鸡肋建议，不过也别指望一定奏效）。

·不要对具有煽动性的或不得体的言论做出反应。这类评价是故意让你发脾气然后失去控制。一旦发生这种情况，通常你的家长会这样说，"你表现得像个小孩"。自鸣得意地暗示你不够成熟地去为自己思考（别被这种老把戏骗了哟）。

·3·要做好强势亲戚会不依不饶的心理准备。他或她将时不时地"启动你的按钮"，让你感到歉疚，拒绝同意，做出不公正的评价，然后夸大没有遵循他或她意见的负面后果（只用保持沉默。这就向他们传递了这个信息，你自己有思想并且会充分考虑好）。

·不要被当做提线木偶做一些你的直觉告诉你不对的事情（不要感到抱歉。不妨问一下任何一个遭遇中年危机的人的感受）。

·4·保持你的幽默感，然后在你快要发火或感到压力的时候，用它来缓解紧张气氛吧（如果你没了幽默感，那么你就输了）。

针对强势父母的话术

以下一些例子告诉你如何宣告你自己做决定的权利，而不会忤逆强势父母。

强势父母："我认为你应该去职业学校学习，像你的表姐那样成为一名牙医助理。她挣钱多，从不会失业。还有，你甚至有机会嫁给你的老板，那么我们的家族喜得一个牙医啦！"

你的反应（无视嫁给牙医的言论）："爸爸，您说得对，找到一份稳定的工作很重要，我也在朝着这个努力呢。只是，对于我的职业，我还没想好要做什么。我想去上大学，干些不同的工作，然后看看我喜欢做什么，擅长做什么，再选择一个职业。"

强势父母："我们是我们朋友圈里唯一还没抱上孙子的啦。我们在你这个年龄，已经有 3 个孩子，第四个孩子也在肚子里了。你们俩是同房有什么问题吗？"

你的反应（无视关于性事的调侃）："我知道您想要抱孙子，但我俩都想先完成大学学业再要孩子。（试着开个小玩笑打破僵局）你们想要几张我们的猫猫照片给您的朋友们瞧瞧吗？"

强势父母："你做自由画家还没挣到一分钱对吗？话说回来，如果你需要用个电脑作画，这算是哪门子的画家。你什么时候能长大去找个正经的工作呢？你应该跟我一起打理家族生意。我们的销售部门还真得加个销售人员。要知道，你的父亲工作了这些年想休息一下了。周一你来上班吧。"

你的反应（无视那些侮辱和让你歉疚的操纵）："感谢您给我这个工作机会，但我拒绝。设计电脑图片对我来说可能不是最简单的谋生方式，但我爱我所做的事。很抱歉让您失望，但我只能与这个工作失之交臂了。爸爸，如果您觉得累，可以休个假哦。"

强势父母："搬到其他城市的公寓住完全是天方夜谭。那里的租金那么高，没有我们的帮助你绝对没能力应付。还有那里的犯罪率高，你妈妈会为你的安全提心吊胆得睡不着觉。再怎么说你得为她考虑考虑啊！你究竟为啥要去那要命的地方住啊？"

你的反应（深呼吸，在"狂轰滥炸"的反对和恐惧中保持镇定)："我知道您很难理解，但自力更生对我来说很重要。而且，我喜欢那座城市，并且一家广告公司已经给我提供了工作机会。还有，我在一个安全的社区找到了一个价格公道的公寓。"

你有权说不

拒绝一个家庭成员或你敬仰的人的建议需要勇气。这里有些方法推荐给你：

对试图给你施压的亲戚："比尔叔叔，参军对您来说可能是这个世界上最好的事情，但那不是我想做的事。我喜欢工作一段时间，赚一点钱，然后到我们的国家到处走走看看。"

对试图给你施压的朋友："我赞同你的大学有成功的足球队，是赫赫有名的派对大学，但那些都不对我的胃口。我打算申请的大学要有我感兴趣的课程。"

对试图给你施压的成年子女："儿子，我同意你的看法，住在退休社区对我来说是个好想法，但我还没有看到让我足够喜欢到去买的公寓。我知道，如果我够耐心，继续去找就能找到适合我的地方了。"

做你想做的事

归根结底，要追寻长期目标的抉择权在你手上。你的决定在他人看来未必最适合你，或者他们不会为自己那么选。如果你的抉择与他人的意见相左，记住亨利·戴维·梭罗说过的话："如果一个人与他的同伴们步调不一致，可能是因为他听到了另一种鼓声。"

练习二

做出重大决定

解决问题的策略：

制定优缺点图表

这一策略能帮助你聚焦最重要的问题，确立事情的轻重缓急，简化决策过程。

问题是什么？当考虑一个重大决定时，很容易被一些细节搞得不知所措。一个解决方法就是将这个决定分解成更小的可定义的片段，审视他们对你和相关方有何影响。

该做什么？首先，写下句子，定义你想要做的决定是什么。然后填写优缺点图表。一旦你看到优点和缺点是如何排列出来的，做重要决定便不过是对几个小的关键问题进行比较罢了。

我正在酝酿中的重大决定：

优点是：

- _____
- _____
- _____
- _____
- _____
- _____

缺点是：

- _____
- _____
- _____
- _____
- _____
- _____

后续行动

现在你已经列出优缺点，你能看出哪些点最为重要。并且，你的列表中有些问题可能是假想，有些是事实。你的决定应基于这些事实，而不是异想天开（或杞人忧天）。

优点栏目中两项至关重要的事实是：

1. _____

2. _____

缺点栏目中两项至关重要的事实是：

1. _____

2. _____

基于这些优缺点，我的决定是：

_____

_____

_____

_____

_____

小事情清单

承诺承担一个大项目会让人惶恐不安，但一旦你开始行动，你会发现达成目标容易很多了。以下再提供一些小事情供你在承诺承担某个大目标前作为参考。

  √ 从容不迫地选择对你来说是正确的目标。

  √ 在做出最终承诺前尝试与他人交流不同看法。

  √ 基于事情的优缺点以及你的直觉来承诺承担某个目标。

  √ 倾听并思索见多识广人士的意见。

  √ 保留自己做决定的权利。

  √ 从不同角度审视客观事实。

  √ 如果条件允许，做决定前收集更多信息。

  √ 向已选择相似道路的过来人咨询。

  √ 当万事俱备时，请勇敢地追寻你正确的目标吧。毕竟，这是你的人生啊！

下一步是什么？

  现在你已经弄清楚自己追寻某个长期目标的原因了，是时候准备进入第3章。你的下一步是定义横亘在你和你的长期目标之间的障碍是什么。

3

明确你会遇到的障碍

> 问题是穿上工作服的机遇。
>
> ——美国实业家亨利·凯泽
>
> (1882—1967)

我有一个从西雅图搬到纽约的朋友，我曾问过她是如何克服做出这个重大改变时遇到的所有困难的。她解释说："在我下决心要搬家后，我所做的第一件事就是写下我要做的所有事情。然后瞄准需要我解决的最重要的问题，也就是卖掉还是出租我的房子。我一边处理着这个大问题，一边逐个击破其他的小问题。没过多久，我就出发去了纽约，开始了我的新生活。"

我的朋友达成了她的目标，靠的是首先定义最大的障碍，将之拆分成一些更小的，易于管理的问题，然后迎头解决它们。与此同时，她还完成了其他的需要解决的小事情。你也可以使用相同的解决问题的技巧来克服横亘在你和你的目标之间的障碍。

以下告诉你操作的步骤。

克服障碍五步法

第 1 步：确认你的所有障碍；

第 2 步：分清障碍大小，排出优先级；

第 3 步：确认"关键"问题；

第 4 步：逐步消除大障碍和小问题；

第 5 步：设计一些后备计划。

第一步：
确认你的所有障碍

> 问题说清楚了，就解决了一半。
>
> ——美国发明家和工程师查尔斯·凯特灵
>
> （1876—1958）

你既已了然自己追寻某个目标的原因，那么你预计会在求索目标的路上碰到什么样的问题和障碍呢？你该如何厘清这些障碍，然后专注于最重要的问题呢？哪些问题是容易解决的，而如果不去理会那些问题，会致使你失败吗？你该怎么预测这些障碍，如何做准备，如何解决它们呢？你该如何应对那些情理之中却意料之外的挑战呢？回答这些疑问将帮助你系统地解决横亘在你和你的目标之间的那些问题。开始的办法就是列出任何你可能遭遇的挑战、问题、障碍、阻滞、屏障。举个例子，你考虑和家人一起搬到新的小城去。暂且不理会这些问题的排序、难度或是解决方案，你随机列出的障碍表可能会像如下所示：

障碍清单：

· 告知家人这些不利信息；

· 为搬家存钱；

· 找份新工作；

· 搬家前粉刷新住处；

· 决定要带走或要卖掉的东西；

· 支付押金，及第一个月至最后一个月的租金；

· 为孩子寻找一所好的学校；

· 找帮手协助搬重物；

· 寻找便宜的包装物料；

· 张贴搬家二手货出售的广告；

· 收集一些空瓶子；

· 清洁公寓以退还押金；

· 寻找新的家庭医生和牙医；

· 给孩子们办理入学手续；

· 租住一个邻里和谐，允许养宠物，而且负担得起的公寓；

· 清空租住处的储藏室；

· 修理好车子的拖车挂钩；

- 帮助孩子们适应搬家的事；
- 寻找负担得起的日托；
- 打包日常用品。

第二步：
对主要和次要障碍进行分类并排出优先级

哟！看上去压力山大，不是吗？毫无疑问，这些堆积如山的任务、障碍和问题足以让你还没开始就想放弃。但请不要临阵逃脱。幸运的是，不是所有障碍都能相提并论。尽管一些问题需要不懈的坚持、高超的技巧、大量的资源和创造力去解决，但是其他的问题却容易解决得多。将具体问题分成"主要问题"和"次要障碍"能帮你确定解决每一个问题的难易程度。优先考虑主要问题能助你专注于最重要的事情，告诉你从何下手。列出一个小障碍清单，使你能在时机成熟时剔除掉简单的任务（在本章末尾，你将有机会练习对横亘在你和你的目标之间的问题进行分类和排优先级）。在前例的基础上，这里有如何将第一步障碍表中的障碍做分类和排优先级的方法。你会注意到，与一个典型的长期目标相关联的小障碍比大障碍多得多。

大问题	小障碍
（优先级清单）	（随机清单）
·找一个新工作；	·告知家人信息；
·为搬家存钱；	·搬进新家前打扫屋子；

- 租住一个邻里和谐，允许养宠物，而且负担得起的公寓；
- 支付押金，及第一个月和最后一个月的租金；
- 支付搬家费用；
- 帮助孩子们适应搬家的事；
- 为孩子寻找一所好的学校；
- 寻找负担得起的日托；
- 打包要搬的物品。

- 决定要带走或要卖出的东西；
- 清空租住处的储藏室；
- 找帮手协助搬重物；
- 寻找便宜的包装物料；
- 张贴搬家二手货出售的广告；
- 清洁公寓以获得押金；
- 修理好车子的拖车联挂钩；
- 寻找新的家庭医生和牙医；
- 给孩子们办理入学手续；
- 找一些空箱子。

第三步：
确认"拱顶石" 问题

> 拱顶石（Keystone）：（1）是拱门或拱道建筑，在最顶端要有一块圆弧曲线石块来契合两边的石头并承受其压力。（2）相关联事物的基础、根本。
> ——韦氏大学生词典（第10版）

大多数重大成就都是克服了重重小障碍而得来的。但是通常，你得克服某一个关键障碍或"拱顶石"问题才能实现更大的目标或目的。以搬到新城市为例，基础问题在于找一份新工作。克服不了这个问题，解决你问题清单上的其他问题是天方夜谭。

务必记住，虽然基础问题对你实现成功至关重要，可它却不一定是最难克服的障碍。例如，如果你现在任职的公司在那座新城有办公室，那么调职就能轻而易举地解决这个基础问题。相比之下，帮助孩子们适应新家、新城市会困难得多。

第四步：
同时剔除大小障碍

> 成功者和其他人的唯一区别在于，前者有付出千倍万倍努力的意愿。
>
> ——美国作家海伦·格利·布朗
>
> （1922—2012）

按照你清单上的优先顺序解决其他问题很重要。但多数情况下，你将没有多余的时间和资源来解决最为困难的那些问题。与此同时，你清单上的那些小问题也亟待解决。记得刚才提过，如果对小问题视而不见，会变成棘手的大问题，成功路上的绊脚石。首先你可以关注一些简单的小问题从而迅速解决很多小的障碍。不断地剔除那些你需要解决的小问题，与此同时努力克服那些更困难的问题。当你双管齐下以此方法解除障碍，你会在达成目标的同时节省时间和金钱。

第五步：
设计几种备选方案

> 一件期盼已久的事物在它终于到来的时候，往往是以意料之外的形式出现。
>
> ——美国作家马克·吐温，萨缪尔·兰亨·克莱门斯笔名
>
> （1835—1910）

刑事犯罪律师爱德华·贝内特·威廉姆斯职业生涯赢过许多案子，靠的是遵循"凡事只要有可能出错，那就一定会出错"的墨菲定律。比如，当他质询证人们时，他会假设他们的证词会引出意料之外的事实，进而对他的案子产生不利影响，因此他会预设那些事实会是什么，并做好准备应对之。或者，如果审判长宣布反对无效或是驳回他的质询，他总会采用另一个问题或者策略重整旗鼓。凭借着他所做的充分的功课和为可能的最坏结果所作的准备，威廉姆斯在法庭上绝大多数时候都战无不胜。

面对不可预测的不利因素，危机或是突如其来的变故，让处理棘手的障碍愈发困难。用水晶球来占卜自然能在追寻大目标时派上用场，但要想预测每一个可能的困境或者阻碍是绝无可能的。然而，你可以为那些耗费你的时间、资源和耐心的意外事情做些准备。只要灵活应对，能够快速做出反应，那你就

能在遇到突发事情是用尽可能少的时间回到正轨上。你成功路上最大的威胁之一是没有为可能出错的事情做准备。这里有些简单而有效的方法为不可预测的事情做准备。

· 运用墨菲定律发掘潜在障碍。别让自己绞尽脑汁，但要实事求是地预估事情不遂你愿的可能性。

· 探索不一样的应对方式和策略，问问自己："如果 A 方案失败，我下一步该做什么？"

· 如果你的第一个选择或计划失败，要一直准备备选方案以排除障碍。

· 准备一笔现金储蓄专门用来应对意外问题。有时用钱来帮你摆脱困境是最好的方法。

· 制订计划时，要预留额外的时间和资源以应付意外问题。若你现在用不上这个时间，你很有可能会在之后用上。

· 不要等着意外问题发生了，才来测试你危机反应的能力。时不时地问下自己，"如果今天发生了最坏的事情，明天我会……"

解除障碍需要一个积极的态度

不论你变得多么愤世嫉俗，总是不足以为继。

——美国演员莉莉·汤姆林

（1939 年出生）

你可能听过这句话："态度决定一切。"不错，对于克服障碍，达成你的目标，这一点千真万确。一个积极、可行的态度助你很好地利用一切机会。反之，一个消极态度将成为比任何一个技术或逻辑问题更大的障碍，将你和你的目标分离开。如果你发现自己因为失败抱怨他人，或是指望别人帮你解决问题，那么你的态度将成为你最大的障碍。不论你如何能干、聪明、得天独厚，一旦你有态度问题，你的梦想之轮会比泰坦尼克号沉得还快。消极态度会蚕食你的自信心和应对挑战的欲望，哪怕是最小的挑战。

我们做个态度测试吧。你说过"我不会做"栏目表里的任何一句话吗？如果是的，把它们变成"我能做"这一栏里的话吧。

"我不会做"的态度

· "我觉得这个想法很蠢。"
· "我不会做这个。"
· "我不知道该做什么。"
· "这绝对行不通。"
· "我不知道怎么做。"
· "这永远完成不了。"

"我能做"的态度

· "我要看看会发生什么。"
· "我要尽我所能完成。"
· "我可以从此着手。"
· "我有个备选方案。"
· "有人可以教我怎么做。"
· "我已经在成功的路上了。"

解决问题带给你成功、机会和自信

> 我发觉，成功的标准，与其说是参照一个人在生活中达到什么高度，不如说是一个人在为成功努力时克服了什么困难。
>
> ——美国教育家布克·华盛顿
> （1856—1915）

当你一心一意投入解决横在你和你的目标间的某些具体而明确的障碍时，你会为自己的成就感到惊讶。你不仅能更快地找到解决问题的方法，还会在此过程中变得更加自信和专业。

杰西潘尼，是美国最大的连锁百货商店集团的创始人，他曾这样说："我要感谢我遇到的所有问题。每克服一个问题，我就变得更强大，更有能力应对那些尚未到来的新问题。我从困境中成长起来了。"

嗨，朋友，你的问题是什么？

> 解决问题的策略：
>
> ### 制定障碍清单
>
> 这一策略能帮助你整理、分类和确定关键问题，这样你便能聚焦于对你成功来说最重要的问题。

问题是什么？问题何其多！要完成你的目标，你必须处理成百上千的任务、琐事和障碍。问问你自己：哪一个问题是最重要的呢？

该做什么：这次练习的目标是基于障碍的难度对其分类，然后排出你心中的优先级。

在"主要障碍"或"次要障碍"这两个标题下，写出每一个与你的目标相关的问题、挑战、障碍和任务。仅为你的主要障碍排出优先级。

我的目标：

_____

主要障碍

（优先级清单）

- _____
- _____
- _____
- _____
- _____
- _____
- _____
- _____

次要障碍

（随机清单）

- _____
- _____
- _____
- _____
- _____
- _____
- _____
- _____
- _____
- _____
- _____

后续行动

现在你已经列好主次障碍的清单，你便可以确定自己的"拱顶石"（基础）问题并写下几种可能的解决方案了。

我的目标

_____

_____

_____

_____

"拱顶石"问题：

_____

_____

_____

_____

A 计划：

_____

_____

_____

_____

B 计划：（备选）

_____

_____

_____

_____

C 计划：（备选）

_____

_____

_____

_____

小事情清单

处理细枝末节和解决问题是艰巨的，但那是你实现梦想的必经之路。做这些额外的小事情可以帮助你确认挡在你和你的目标之间的障碍并克服它们。

√ 把通往你目标之路上的重重问题和障碍视为一个个路标。

√ 在这些小问题变成大问题之前解决掉它们。

√ 把你的大部分精力专注于解决基础问题。

√ 如果你自己找不到解决方案，向他人寻求建议或帮助。

√ 寻找不同的方式解决问题，越过障碍。

√ 将大问题分解成小问题着手处理，不让自己不知所措。

√ 在实施解决方案之前清晰定义障碍的内容。

√ 确认准确的问题以得到正确的解决方案。

√ 观察其他人是如何处理和解决和你相似的问题的。

√ 360 度全方位了解你所面临的障碍。

下一步是什么？

现在你已知晓横在你和你的目标之间的障碍该如何分类，你可以准备好继续进入到第 4 章。下一步是面对恐惧，一往无前。

4

直面失败的恐惧

> 所有的冒险，特别是进入新的领域，都是令人害怕的。
>
> ——第一位登上太空的美国女宇航员萨丽·赖德
>
> （1951—2012）

犹记得那一天，我下定决心辞掉小学老师的工作，卖掉不列颠哥伦比亚省渥太华附近的房子，搬去纽约。我热爱教学，但我渐渐对一成不变的工作感到枯燥乏味，想要在音乐和教育出版行业探索更富有创造力的职业之路。当我把我的计划告诉我的父母时，他们快疯了。

且不提我当时 32 岁了，而且已经住在离他们 1500 英里的地方。我的父亲先开口道："你要做啥？你要抛弃你奋斗得来的一切吗？纽约最不需要的就是另一个吉他老师。"但我的母亲却直击我要害："如果我只剩十年寿命，而我每年能见你一次，那我就只能再见你十次了。你怎能这么对我呀？"

我紧张了起来，差点改变了注意。我反复地问自己，"他们说得对吗？我是不是做了错误的决定？母亲是否有健康的问题而我没关注到的呢？我是不是在自欺欺人，以为自己能够在那个全球最具挑战的城市里成功呢？"

诸如此类的质疑和负面想法几乎占据了我去纽约寻找新职业生涯的梦想。然而，在考虑当下的情况后，我意识到我的父母只是在表达他们对我未来的担忧。而我也对自己能否在大纽约取得成功心生疑虑，但我决意给自己一年时间，看看是否发生什么。虽然我愿意孤注一掷去实现我梦想，从事更为激动人心的职业，但我的父母只把我的行动看作是不计后果的赌博。如果放任不管，他们的恐惧也会变成我的恐惧和自我怀疑。

对抗你的自我怀疑

> 怀疑是对信念的背叛，我们会因此放弃了尝试，从而失去本应得到的东西。
>
> ——英国剧作家和诗人威廉·莎士比亚
> (1564—1616)

即便是伟大的意大利歌剧歌唱家恩里科·卡鲁索都不得不对抗自我怀疑。有一次首席之夜演出前，他在后台候场，舞台工作人员听到他悄声自言自语："从我面前滚开！滚开！滚开！"歌剧结束后，这个好奇的工作人员问卡鲁索他自言自语说的什么。这位伟大的男高音解释说："我感到'大我'，内心想要歌唱也知道它能够做到，但它却一直被那个感到害怕，说'我做不到'的'小我'压制住。我就是命令那个'小我'离开我的身体。"

另一则关于恐惧这一概念的例子，来自路易斯·蒙巴顿公爵，这位伟大的海军元帅，维多利亚女王的曾孙。幼时，蒙巴顿害怕在黑暗的房间里睡觉。"不是因为黑暗，"他对爸爸说，"那里有大灰狼。"蒙巴顿的父亲试图让他的儿子确信家里没有大灰狼，他的房间绝对安全。可小男孩没有被说服，他说，"我猜想可能没有，"他确信地说，"但我认为一定存在。"

正如恩里科·卡鲁索和蒙巴顿公爵，你也会有不为人知或无法描述的恐惧。在你寻求实现抱负的时候，如何应对质疑、焦虑和不安全感能决定你的成与败。你只有承认和面对自己的恐惧，克服自我怀疑，进而实现目标的可能性才会大大提高。

排解他人的恐惧

> 第一条也是最重要的一条戒律是：不要让他们吓倒你。
> ——美国作家和时事评论家埃尔默·戴维斯
> （1890—1958）

正当你开始做出那个重大决定时，不要惊异会有出于好意的朋友们或是家庭成员用各种理由对你"狂轰滥炸"，劝你放弃自己的目标。如果你没有做出准备还击他们的反对意见，他们能让你自信心扫地，失去前进的动力。

这里介绍一个自信坚定地处理他人的恐吓和反对意见的方法。首先，重复或是复述他们的批评，来表示赞同他们言论中的一些内容。接着，重复你的愿意，坚持你的决定。按照这个坚持策略，你会消磨批评者的意志力，增强你的自信心，提升取得成功的动力。这里有一些常见的恐吓性评论和自信坚定的应对方式。

恐吓性评论："你这是贪多嚼不烂。"

自信坚定地回应："你说得对，我确实在接受一个巨大的挑战，但我会全力以赴，拭目以待吧。"

恐吓性评论："你知道你面对的是怎样的竞争吗？多的是比你有才华的人都没能成功。你凭什么认为你能做到呢？"

自信坚定地回应："竞争确实很激烈，但我决意要放手一搏，拭目以待吧。"

恐吓性评论："你很有可能会一败涂地，但是你该做什么呢？"

自信坚定地回应："也许正如你所说，我会一败涂地。如果真败了，我会重整旗鼓，东山再起。也许我不会成功，但是如果我都不试试的话，我怎知道会不会成功呢。"

恐吓性评论："我真不明白你为什么要赌上辛苦奋斗来的一切。你疯了吗？"

自信坚定地回应："你说得对，我是在冒大风险，也知道你可能很难理解。但我不想安于现状，我想要更高的成就，如果那意味着冒险，我愿意承担风险。"

恐吓性评论："我还能说什么让你摆脱这个荒唐的想法吗？我不想看到你受到伤害。"

自信坚定地回应："也许这个想法很荒唐，不过我感谢你的关心。如果你能支持我，我会真心感到高兴，但不论你支持或是不支持我，我还是坚持这个决定，并全力以赴。"

正确看待失败的恐惧

> 你必须做你觉得自己做不了的事。
>
> ——美国外交官 埃莉诺·罗斯福
>
> （1884—1962）

如果你无视那些怕事情变坏的恐惧，那么它们会毁掉你的自信心，让你功亏一篑。应对恐惧更有效的一个方法是去实事求是地、不带悲观色彩地思考失败。如果你在尝试改变前考虑几种替代策略，那么你的恐惧就不会阻碍你承担必要的风险去取得成功。

例如，如果我在纽约"一败涂地"我会怎么办？我想最坏的结果不过是我得在这个区的某个学校再找一份教学工作。因为定义了我"最坏情况"并接受了这一可行的替代方案，我对搬家这一决定感到更有信心了。

当我的朋友和家人说我放弃一份好工作，抛掉努力奋斗而来的一切，简直疯了的时候，也许他们是对的，也许我是看了太多电影，读了太多关于人们追梦和成功的书。毫无疑问，在一个陌生的、不允许失败的城市，有很大概率我会输得狼狈不堪。不过最终我总结了一下，即使我失败了，我的生活还是会继续的。我不能接受的想法是，因为我害怕尝试而不知道自己会否成功或失败。因此，我决定放手一搏，搬去纽约，给自己一个逐梦的机会。看，这就是我的做法。

给恐惧套上缰绳，让它为你所用

> 我一直在跟恐惧较量。我从未战胜过那个不安全感，上帝在帮助我，我希望我永远不会输，要不然我就太可怜了。
>
> ——美国电影和舞台剧演员杰克·莱蒙
>
> （1925—2001）

克服恐惧需要勇气。也可叫它大胆、果敢、胆识、勇敢、决心、厚颜无耻或是执拗。勇气驾驭恐惧，驱使它为你所用。正是精神和道德的力量让你冒险或坚持，而不管是否会失败。既然你已经尽自己所能估算所有的风险，是时候开始行动了。那么，请你深吸一口气，

大声有力地对自己说："我要冒险一试，拭目以待吧。我也许成功，也许失败。但至少我会在追求自己所想的事情上得

到个人满足。无论发生什么，我知道我会是幸存者。"

小练习取得大成果
练习四

专注于你的成功

解决问题的策略：

预见自己的成功

这一策略运用众多运动员和演员都使用的相同可视化手段，帮助他们克服恐惧，获得成功。

将可能发生的事情可视化，你能克服真正的、自我设置的障碍。

问题是什么？当恐惧开始悄悄爬上你的心头，它们会阻止你去冒险，或是拖住你朝着目标前进的步伐。若你将梦想中恐惧的画面更换为成功的画面，就能消除恐惧破坏你的梦想时所造成的一些潜在损失。

应该做什么：本次练习的目的在于开发出你目标中成功的画面。找到一个能让你放松且一直不被打扰的安静之所。运用以下问题帮助你预见成功的自己。想象尽可能多的细节。这些画面全由你来创造，因此撤离所有的路障，尽情享受欢愉吧！

1. 我具体的长远目标是：

_____

_____

2. 我看到自己实现这个长远目标处境是：

_____

_____

3. 我看到自己所参与的具体行动是：

_____

_____

4. 我看到在这一处境里和我在一起的人们有：

_____

_____

5. 我看在这一处境发生的最美妙的事是：

_____

_____

后续行动

　　理性或不理性的恐惧都能折磨哪怕最自信的大成就者。当这种情况发生在你身上时，请拿出一张纸，列出与你追寻的梦想相关的所有恐惧之事。大多数人害怕被拒绝，批评和失败。也要写上若你失败某些人会对你说的话，还有某些可能打乱你计划的天灾人祸。

　　当你做好了这个清单，大声读出这些令你恐惧的事。然后拿起你的恐惧清单，一点点撕碎，扔进垃圾箱。每当你想到其他令你恐惧的事，取一张新的纸写上。大声读出来，撕碎纸，再扔掉。尽可能重复这一步骤，没多久那些曾试图阻碍你奋斗的旧的恐惧只能偃旗息鼓了。

小事情清单

处理失败和被拒绝的恐惧是个长期的过程。这里有一些补充建议帮助你克服对寻梦产生的担忧和疑虑。

√ 当恐惧潜入侵袭你，打击你的自信时，一遍一遍对自己说"我能做到"，如此把它们赶出你的大脑。

√ 了解现实和不理智的恐惧之间的区别。

√ 别让他人的恐惧和否定污染你对成功的欲望。

√ 做好准备面对你的恐惧，追寻你的梦想。

√ 反思你是如何克服过去的恐惧的，将你的经验教训运用于新的情况和努力中。

√ 当不理智的恐惧威胁到你前进的脚步时，保持冷静，控制局面。

√ 别让你的恐惧阻碍你使用自己能得到的所有资源获取成功。

√ 继续面对新的恐惧，而你将建立起自信并有能力取得成功。

你在第一步所学到

在你通往成功的征程上，看到自己未来想发展到哪里是第一步。现在你能看到自己可以决定在生活中想要发生的事情，而不是等着某人或某事帮你把梦想变成现实。一旦你看到这个"宏图"你就能确定你的动机。接着你可以开始定义你的障碍。现在你理解不是所有的障碍都同等重要，或是需要同样的关注。在学会如何排列优先级后，你了解到在你努力过程中，如何处理影响你成功的自信心和能力的恐惧。

下一步是什么？

现在你已经准备继续进入"第二步，规划你的行动"以及第5章。下一步便是绘制中期目标，指引你实现长期目标。

攻略二

规划你的行动

通过组织大小步骤将毫无章法的努力转化为有组织的方法

我们的计划会失败是因为我们无的放矢。如果一个男人不知道自己要驶向哪个港口，什么风向对他来说都是错误的。

——罗马哲学家卢修斯·安娜斯·塞纳卡

（前 3—65）

5

绘制你的大步骤

> 瞄准目标的人可能够到树梢；瞄准树梢的人却不太能脱离地面。
>
> ——谚语

1958 年炎热的夏天，我的父亲、母亲、妹妹和我行驶在去往高脊山脉的路上，穿过酷热的莫哈韦沙漠。我口干舌燥，因此请求父母在我们停车休息的地方买些喝的。我的父亲让我读出那些沿途的路牌，说我会从中得到答案。大约每隔一英里，车行道旁就有告示牌张贴着气泡饮料的广告，并显示离下一个漫天风沙的小镇还有几英里。每经过一个告示牌，我对冰淇淋根啤的渴望便愈加强烈。

为你的中期目标树立你自己的告示牌

> 前行之旅有终点固然很好；但最终要紧的是这趟旅程本身。
>
> ——美国作家娥苏拉·勒瑰恩
> （1929—2018）

告示牌指示你正行驶在正确的道路上，朝着你的目标更近一步会让漫长的旅程显得越来越短、越来越轻松。当你朝着长远目标前进时，不妨以中期目标的形式树立你自己的告示牌。这些中期目标会帮助你做到以下几点，助你实现梦想：

- 保持不偏离正轨；
- 衡量你的进步；
- 预测未来的障碍；
- 做必要的修正；
- 在你推进某个项目是创造动力；
- 提高你达成目标的自信心。

弗洛伦斯·查德威克是横渡英吉利海峡的第一位女性，她艰辛地领会到了设立中期目标的重要性。1952 年，在经过多年艰苦残酷的训练后，她的重要日子来了：她从法国的海岸跃入英吉利海峡，开始游向英国的海岸线。弗洛伦斯艰苦地游了一个又一个小时，此时她的母亲和粉丝在跟着她横渡这片海域的小船上为她加油鼓劲。随着她靠近英国的海岸线，一阵浓雾降临海峡，汹涌的海域变得愈加难以通过。弗洛伦斯精疲力竭，也不知道自己离英国只剩下几百码了，她请求朋友们帮她上了岸。

当弗洛伦斯得知英国海岸曾近在咫尺，她感到既苦涩又失望。她决心再试一次，她设计出一个计划，若海峡再起大雾，便能克服自己不知道所处位置的障碍。她从海峡中的多个不同点出发，在脑海中创建出英国海岸线的画面。这些画面作为中期目标或叫告示牌，提示她距离海岸线大约还有多远。在寻回勇气和再次投入数月的训练后，弗洛伦斯又一次地尝试横渡海峡。每游一下，她便能看到英国海岸线离自己更进一步。跟着，大雾不可避免地降临，海浪开始奔涌。然而这一次，她成竹在胸。她一边继续游泳，一边将她在海峡里的位置可视化，依靠这一方法，她知道自己在正确的泳道上。凭借着脑海里的告示牌以及顽强的坚持，弗洛伦斯·查德威克成为横渡英吉利海峡的第一位女性。

如何创造你自己的告示牌

> 任何事物都应简单到极致，而非更简单。
> ——德裔美籍物理学家阿尔伯特·爱因斯坦
> （1879—1955）

正如公路边的那些告示牌一样，你的中期目标必须清晰明了，这样你才能在它们的指引下取得巨大回报。按照以下四步去创建你的中期目标，或者说告示牌，"跃进"行动吧：

"跃进 L-E-A-P"行动：

中期目标就是指引你抵达目的地的告示牌，"跃进 L-E-A-P"行动，你将启动你的旅程。

L = 列举你能想到的尽可能多的中期目标。

E = 评估中期目标。

A = 查证错失的中期目标。

P = 给中期目标排列优先级。

L = 列举你能想到的尽可能多的中期目标

尽可能多地列举你想得到的能够帮助你实现长期目标的中期目标。你的努力程度会决定你所发现的中期目标数量。现在不要着急评估这些目标或给他们排序。这些可以之后再做。

打比方说，你想要改造你的厨房。你已经做好研究，并知道这是个耗时费钱的过程，因此你需要将这一大工程分解成更小更易操作的单元。切记你不可能一开始就知道哪个步骤最重要或工程进行的正确顺序。你可以先问问自己以下这个问题作为工程的开始：

我需要达成什么中期目标以完成这个项目？

例如，这里有一些改造厨房的可能中期目标（无特殊排序）：

- 研究常用的厨房布局图；
- 决定改造的范围；
- 确保有钱支付改造费用；
- 制作详细的预算表和工期表；
- 雇用建筑师画设计施工图；
- 设计家具、架子和柜子的布局图；
- 选材料和固定装置；
- 雇用专业人士施工；
- 学习电脑软件课程来设计厨房布局图；
- 挑选和购买地板材料、工作台面、衣柜、电器和其他家具；
- 和电工、水管工及其他工人敲定工作计划；
- 计划改造期间用其他方法做饭；
- 重新安排你的工作计划以便工程进行时你可以在家监工；
- 在选定承建商之前，要参考他们之前的案例并实地考察。

E = 评估中期目标

一旦你写下能想到的尽可能多的中期目标，你便需要评估每个目标在你实现长期目标时的作用。辨认出最关键的中期目标很重要。这一步很有必要，因为你的清单可能包含太多难度各异的目标、任务和步骤。如果你一视同仁地对待这些中期目标，你可能会感到压力山大，旋即放弃。

你可以再一次使用路边告示牌作为范例。每个中期目标表明一个基本的障碍，充当去往你目的地途中的里程碑。在这个过程的后半段，你可以处理清单上其他不太重要的任务和更小的步骤。你可以问自己一下这些问题来评估一个中期目标：

实现我的长期目标取决于这一中期目标的实现吗？

例如，精心规划每个家电和柜子放置的地点，这一中期目标能避免之后费事耗时费钱的变动。

这一中期目标如何帮我实现长期目标呢？

例如，雇用专业人士，而不是我一人承包所有工作最终可能会省钱省时间。

这一中期目标会保证我把精力用在正道上，还是会误导我在新方向瞎使劲致使我偏离原来的长期目标呢？

例如，你投入学习电脑软件课程来做厨房设计的时间和精力，其收效可能不如你投入在其他方面。

A＝查证错失的中期目标

你有没有在午夜时分惊醒发现自己忘了什么重要的事情？但我计划和执行一个项目时，我总是开启我的瞭望模式，搜寻我所谓的"大遗漏"。在列举我能想到的每一个中期目标后，我会再看一下我的清单。我常常发现自己会遗漏至少一个更重要的中期目标——通常是很明显的那种。正应了那句老话"只见树木不见森林"。当你开始计划实现长远目标的大步骤时，留些额外时间思索哪个中期目标是你有可能会遗忘的。如果你做得够努力，你很大概率会发现你的清单上少了一个重要的中期目标。

以一个失败的食品产品"Wine&Dine"为例，这种预先包装好的晚餐上市时附带一小瓶酒——这瓶酒是用来烹饪而不是饮用的。生产商所遗忘的中期目标是对其包装设计进行市场测试。问题显而易见，除了应该印刻"不用于饮用"这句话，还应印有食物烹饪时酒倒在食物上的图片。很多消费者直接饮用了这种又咸又辣的调料酒。也许在把产品直接投放市场以前，如果生产商没有忽略先对一群消费者进行包装测试这一中期目标，这个对喜欢家常菜的人来说很有才的想法可能会在味道上取得成功。

P = 给中期目标排列优先级

查尔斯·施瓦布任伯利恒钢铁公司董事长时，他每天工作结束前会花几分钟决定第二天早上需要处理的第一件事是什么。他总是将任务排好优先级，并按顺序完成清单上的所有任务。施瓦布曾说过："这是我学过的最为实用的一次课。"接着他用一个奇闻阐述了自己的观点。"我有个电话推迟了9个月都没打，所以我决定把这件事列为我第二天工作安排的头等任务。那个电话促成了我们一个200万美元的订单。"

如何为你的中期目标排序呢？问问自己以下问题就能轻松解答了：

·最重要的6个中期目标是什么？

- 哪一个中期目标必须排在首位？
- 这个中期目标有什么特定目的？
- 这个中期目标与其他中期目标有何联系？
- 达成这个中期目标前我需要完成什么事情？
- 还有哪些中期目标是基于这个中期目标之上的呢？

　　下页内容展示了如何使用告示牌来给 6 个关键中期目标排列优先级，来改造一个厨房。如果你为 6 个最重要的中期目标设定了优先级，就可以按照合理的顺序处理其他的中期目标了。

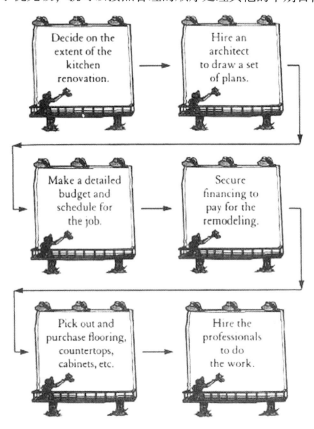

达成中期目标时别忘奖赏自己

每达成一个中期目标，确定一个简单而有意义的奖励犒劳自己很重要。比起在快要完成你的中期目标时受到奖赏，这份奖赏所花费的成本无足轻重。这一正强化策略会让你对自己的努力感觉良好，并激励你继续完成你清单上的其他中期目标。

通过你自己的告示牌
意味着取得进步

> 我尽量用最好的方法去做，尽我所能去做，我打算一直这样把事情做完。
>
> ——美国第十六任总统亚伯拉罕·林肯
> （1809—1865）

凡大成就者皆知中期目标的价值。首先，这些中期目标给你提供了通往成功的地图和标尺。每当你路过一个告示牌，你就有机会做必要的调整或修正路线。或许你会发现一些事让你的下一个任务更轻松，或是你灵光一闪，想到可能的方案解决即将面临的障碍。你的那些告示牌会帮你弄清楚你的计划中哪些方面会奏效，哪些则需要修改。因此，你会一直改进你的中期目标直到其奏效为止。再者，了解自己上了正轨，并正在达

成自己的中期目标上取得进步，会让你持续努力直到取得自己
的长期目标。

创建通向你成功的告示牌

解决问题的策略：

制作中期目标流程图

这一策略帮助你在建立长期目标时，从开始到结束
的各个中期目标的先后顺序。

问题是什么？很多人放弃了取得梦想是因为他们没有清晰
地确定整个过程中所有必要的中期目标。绘制出你的中期目标
会帮助你走上正轨，并使你准备好应对和克服未来的障碍。

应该做什么：这一练习之目的是明确引领你实现梦想的 6
个最重要的中期目标，并排出优先级。然后在每个告示牌上写
下几句话，来描述你需要克服的每个主要障碍。

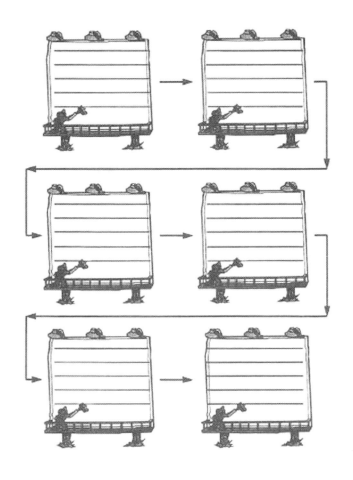

后续行动

现在你已有了应对 6 个最重要的中期目标的计划。下一步是确认每个中期目标的"拱顶石"问题了。接着要考虑每个问题的可能的解决办法。这一策略帮助你预测前方的崎岖坎坷，并给你留出时间思考和准备可能的解决方案。

中期目标 1：_____

_____

"拱顶石"问题：_____

_____

可能的解决方案：_____

_____

中期目标 2：_____

_____

"拱顶石"问题：_____

_____

可能的解决方案：_____

_____

中期目标 3：_____

_____

"拱顶石"问题：_____

_____

可能的解决方案：_____

_____

中期目标 4：_____

_____

"拱顶石"问题：_____

_____

可能的解决方案：_____

_____

中期目标 5：＿＿＿＿＿＿＿＿＿＿＿＿＿＿＿＿＿

＿＿＿＿＿＿＿＿＿＿＿＿＿＿＿＿＿＿＿＿＿＿＿＿＿

"拱顶石"问题：＿＿＿＿＿＿＿＿＿＿＿＿＿＿＿＿

＿＿＿＿＿＿＿＿＿＿＿＿＿＿＿＿＿＿＿＿＿＿＿＿＿

可能的解决方案：＿＿＿＿＿＿＿＿＿＿＿＿＿＿＿＿

＿＿＿＿＿＿＿＿＿＿＿＿＿＿＿＿＿＿＿＿＿＿＿＿＿

中期目标 6：＿＿＿＿＿＿＿＿＿＿＿＿＿＿＿＿＿

＿＿＿＿＿＿＿＿＿＿＿＿＿＿＿＿＿＿＿＿＿＿＿＿＿

"拱顶石"问题：＿＿＿＿＿＿＿＿＿＿＿＿＿＿＿＿

＿＿＿＿＿＿＿＿＿＿＿＿＿＿＿＿＿＿＿＿＿＿＿＿＿

可能的解决方案：＿＿＿＿＿＿＿＿＿＿＿＿＿＿＿＿

＿＿＿＿＿＿＿＿＿＿＿＿＿＿＿＿＿＿＿＿＿＿＿＿＿

小事情清单

尽管确定中期目标以及给其排序，虽费时间和费思量，但值得为之努力。这里有些额外的建议，帮助你聚焦到一些带你实现长远目标的最重要的任务。

√ 在考虑你的中期目标时避免不假思索地给出是与否的答案。

√ 不断思索新方式克服艰难的障碍。

√ 重新定义模糊的中期目标，从而明确你要实现的究竟是什么。

√ 写下中期目标，并把它们张贴在你每天能看到的地方。

√ 给你自己设定完成中期目标的合理的最后期限。

√ 完成中期目标后，奖励自己。然后迅速地去攻克下一个中期目标。

下一步是什么？

你既然已经确定了引领自己成功的最重要的中期目标，就可以继续阅读第 6 章。你的下一步是组织所有的小细节。

6

安排你的小步骤

生活上取得成功的人士，能有规划地看到自己的目标，并朝着目标不懈努力。

——美国导演塞西尔·B. 德米尔

（1881—1959）

在我实现搬去纽约的梦想前，我不得不完成一些中期目标。在我卖掉我的房子后，我需要舍弃屋子里大多数的东西，并要尽可能地凑钱，于是我决定办搬家大甩卖。组织搬家大甩卖耗费了大量的时间和精力，但一切都是值得的。我实现了我的中期目标，向实现我的梦想迈进了一大步。

你专注于紧要细节的能力是完成你中期目标和实现你的大梦想的关键。在第五章中，你学到了如何将长远目标分解为一些小的中期目标。现在你需要把每个中期目标细分成小而易控的步骤，如此它们就能轻松执行了。

亨利·福特以他的策略将汽车量产：将一个大任务划分成

很多的小步骤。如果你想完成自己的中期和长期目标，专注于小步骤的策略能在很多方面帮助你。首先，这个策略使你每一次专注于某一个小步骤或小问题。由于聚焦这些指引你成功的小步骤，你从而能建立起系统的方式或"标准操作顺序"，允许你进行调整，提高效率。最后，处理掉很多小而明确的任务使你避免被某个具挑战性的目标的难度之高所吓倒。

将一个中期目标细分成
一系列有组织的小步骤

> 小轴心带动大引擎运转。
>
> ——谚语

　　如果你渴望追寻某个中期目标，那么你可能在开始投入其中和执行最初几步时遇到小麻烦。不过，你也可能会在第三、第四或是之后的步骤中摔跤。从另一方面来说，如果你连开始都勉为其难，兴许最初的几个步骤就会令你望而生畏，让你犹豫要不要开始。以下步骤帮助渴望开始和勉强开始的人们专注于指引你们达成中期目标的小步骤。

第一步：
中期目标的具体目的是什么？

一开始漫无目的的人，一旦有了目标，总会达到彼岸。

——美国演讲家 戴尔·卡耐基

（1888—1955）

将中期目标分解成小步骤

第1步：这个中期目标的具体目的是什么呢？

第2步：我需要采取哪些步骤以实现这个中期目标呢？

第3步：我该以什么顺序实施这些步骤呢？

第4步：每个步骤大约需要花费我多长时间呢？

从开始到结束的各个中期目标的先后顺序。

在你将这一中期目标分解为更小的步骤之前，需要明确地定义这一中期目标的目的。如果你的目的模糊，那么你所定义的步骤可能会大而化之或是不完整，从而毫无作用。举个例子，当我决定要办搬家大甩卖时，我已有了明确定义的中期目标。这次甩卖的具体目的就是要腾空我房子里的家具和其他不需要的东西，赚些钱，这样我就能在搬到纽约时买得起新的家用必需品了。

不论你的中期目标是什么，都要确保你知道这个具体的目的是什么。对于中期目标的目的，如果你还不太清楚，那么考虑回头再思考一遍，然后重新定义它。一旦你清楚定义了中期目标的目的，就请继续第二步的练习。

第二步：
我需要采取哪些小步骤来达成这个中期目标呢？

现在是时候把专注于你需要做的所有小步骤，来完成某个特定中期目标了。列出你能想到的每个步骤，从最简单的到最难的，包括那些显而易见的。不要担心有没有按顺序列出这些名目，把它们都写下来就好。例如，我需要按照以下小步骤办一个成功的搬家大甩卖：

- 清空所有的衣橱
- 决定要甩卖的东西有哪些
- 制作大甩卖告示
- 在报纸上刊登广告
- 找个朋友帮些忙
- 将未售出的物品送去二手店

- 在街坊邻里张贴告示
- 清理车库
- 搭好展示桌
- 在物品上贴好价格标签
- 安排好商品
- 找几个空盒子

当然，这些细节还是会根据你的中期目标的改变而改变，但是这一步的关键在于写下所有你能想到的小步骤。当在写清单上有了好的开始（当你想到更多事，还会继续添加），你就可以继续第三步了。

第三步：

我应以何种顺序执行这些步骤呢？

逻辑是自信心不足的艺术。

——美国评论家和自然学家约瑟夫·伍德·克鲁奇

（1893—1970）

你既已了然通向特定中期目标的所有步骤了，怎么去弄清楚实施这些步骤的顺序呢？一个方式是创建流程表，按顺序列明每一个步骤。由于通常达成中期目标的方法不止一种，因此你可以综合使用逻辑思维、试错法和经验去创建你的流程图。下页展示了我在组织我的搬家大甩卖时曾用过了六步流程图。你将有机会在本章末尾完成你自己的六步流程图当做练习。

通过创建流程图，你可以清晰地看到所有你需要完成以达成你的中期目标的小步骤了。你不需要眼花缭乱的计算机程序来制作一个有用的流程图：一支铅笔和一张白纸足够。写下你的小步骤帮助你专注于小细节，同时看清楚这些步骤会如何帮你实现中期目标。你可以看到哪些步骤你已完成，哪些尚待处理。你可以确认任何你忽略的那些步骤，删除那些无关紧要的步骤。这种流程图的好处在于你能在纸上犯错，并在你采取行动实施计划前作修正。

在流程图上组织安排这些小步骤仅仅多花费你几分钟的时

间，但你将删除一些错误，节省时间，并避免浪费宝贵的资源。一旦你创制成一个你需要的、以完成中期目标的小步骤流程图，便可以继续进行到第四步了。

第四步：
完成每一个步骤大约需要多长时间呢？

针对这个问题，每一步的答案不尽相同。刚开始，你可以先确定哪些小步骤花的时间可能最多。接着你可以大致预估完成中期目标需要花费多长时间。大部分预测时间不必精确到分钟。不过，如果你准确估算出你完成这个中期目标所需花费的时间，那么你可以为所有步骤安排出充足的时间。在预估时间时，你得留出多余的时间解决潜在的问题点或意料之外的问题。这将给你额外的空间完成你的中期目标（第十三章"设置截止日期按期完成"特别专注于这个司空见惯的问题）。

通过准确预测完成某个小步骤需要花费的时间，你可以避免产生挫折感。例如，我有一个没有装配过的很棒的烧烤架，烧烤架有个圆拱形的盖子，可以收缩四边，和很多其他的小配件，我都想在搬家大甩卖时处理掉。看到外包装盒上印着"无需工具——简单易装"，我估摸着自己能在 1 个小时把这些奇妙的装置拼起来。这个预估简直是痴心妄想！在花了 45 分钟，尝试读懂那两页莫名其妙的说明书后，我把数不清的螺帽、螺栓和一打其他零件散落一地。由于整个安装过程比我预想的要长太多时间，我最终放弃了，把这该死的东西放回了盒子里，写上"原装"卖了。

这个故事给了我两个教训：首先，如果你能准确地预估完成一个任务所需的时间，你能够让自己免于遭受很大的挫折。其次，如果每个任务处理起来比你预计的要多一倍时间，不要因此感到惊讶——即便某人一口咬定这个任务很简单。

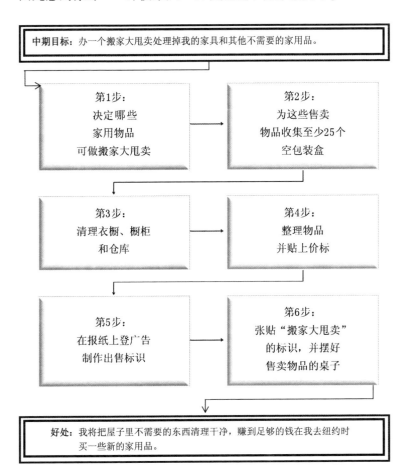

中期目标：办一个搬家大甩卖处理掉我的家具和其他不需要的家用品。

第1步：
决定哪些
家用物品
可做搬家大甩卖

第2步：
为这些售卖
物品收集至少25个
空包装盒

第3步：
清理衣橱、橱柜
和仓库

第4步：
整理物品
并贴上价标

第5步：
在报纸上登广告
制作出售标识

第6步：
张贴"搬家大甩卖"
的标识，并摆好
售卖物品的桌子

好处：我将把屋子里不需要的东西清理干净，赚到足够的钱在我去纽约时买一些新的家用品。

要实现你的目标，
请锁定你的小愿景和宏图

> 秩序就是知道我们要去哪以及我们要做什么。
> ——瑞士诗人和哲学家亨利·弗里德里克·埃米尔
> （1821—1881）

　　诚然，这四步法流程实施起来需要自律。然而，你会看到，通过给你计划中的细节排序，你能加速通往你的中期和长期目标的进程。明确和组织安排这些细节，使你一直把注意力放在所有那些待解决的问题上，而这也是设立目标的初衷。运用了这四步策略，在你还没弄明白时，你便会说："我完成了！"

练习六

小步骤引领你走向大目标

解决问题的策略：

制作流程图的各个步骤

这一策略帮助你组织各个小步骤，引领你走向一个中期目标。

问题是什么？你如何能够完成中期目标中的所有必要步骤，而没有任何重要细节成为"漏网之鱼"呢？通过创建一个包含所有小步骤的流程图，你能明白，什么事情必须去做，以及什么时候去做。

该做什么：使用以下流程图去创建所有步骤的顺序来实现某个特定的中期目标吧。首先，写下你希望达成的一个中期目标。然后完成第一步、第二步，以此类推。最后，写下完成这个中期目标的益处。

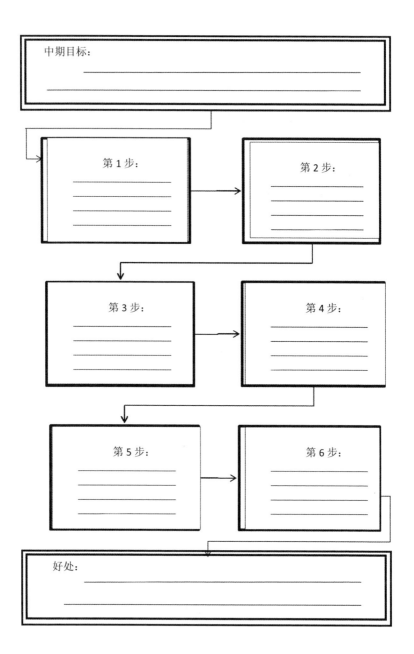

中期目标：

第1步：

第2步：

第3步：

第4步：

第5步：

第6步：

好处：

后续行动

现在你已经完成了涵盖所有小步骤的流程图，用以实现你的中期目标，回顾你列在第68页上的中期目标（告示牌）。另准备一张白纸，为每一个你的中期目标创建一个流程图。如有必要，你可以在流程图上添加更多步骤。谨记，在继续组织下一个中期目标前，你没有必要完成这一个中期目标的流程图。如果你突然有个想法，是有关于另一个中期目标的小步骤的，那么可以在那个特定的流程图上填入表格里。如此这般，你会快速地组织安排好所有的小步骤，来指引你达成各种中期目标和你的大梦想。

小事情清单

专注于引领你实现中期目标的所有小步骤并一一实现着实是个挑战，但你若能具体明确地认清你要完成的是什么，你就一定能办到。这里有一些额外的小贴士，帮助你组织和执行所有助你实现梦想的必要的计划细节。

√ 将流程图放在随手可得的地方，这样一旦你想到哪些小步骤就能添加进流程图里。

√ 即便是最小的细节都要添加进你的流程图，因为那些正是容易遗忘的。

√ 考虑重新排列流程图的顺序，看看你的操作的顺序做更改后是否比之前写的那个更高效。

√ 用铅笔填写你的流程图，这样你就能轻松更改方框中的内容和顺序了。

√ 如果你的流程图中有个项目需要几步来完成，那么它有可能是另一个中期目标。

√ 检查你的流程图上是否有重复或者不必要的步骤。

√ 在执行中期目标前，约束自己完成中期目标流程图。你不会后悔的。

攻略二教会了你什么？

你知道了自己的目的地，你计划好了中期目标帮你抵达那里。你理解到告示牌不仅让你一直进行在正道上，而且允许你评价自己的进步，调整自己的计划。并且，你也学习到如何评估你的各种中期目标并排出优先级，还使你学会察觉容易遗漏的任一目标对你的成功都是至关重要的。现在你知道如何组织所有那些对完成你的中期目标十分必要的步骤，并能绘制成流程图了。这种对整个过程的可视化的呈现，使你能够通过将你的计划付诸实施来验证你的想法。最后，你已经学到了，通过组织你的大小步骤，你会将毫无章法的努力转化为有组织的方法来实现你的梦想。

下一步是什么？

你既然已经做好了行动计划，便可以准备继续闯关攻略三和第 7 章。下一步是摸着石头，下水一试了。

攻略三

实施你的规划

运用步步为营配速策略

正是源于勇气和信仰的数不尽的各种行动塑造出人类的历史。每当某个人为某个思想挺身而出，或为促进他人的进步而行动，或为正义而反抗，他都会激起希望的小水花。

——美国政治领袖罗伯特·小肯尼迪（1925—1968）

7

启动你的计划

> 假如失败你可能会失望，但假如不去尝试你注定失败。
>
> ——美国导演贝弗利·希尔斯
>
> （1881—1959）

演员乔治·肯尼迪决定提前退役去追寻自己毕生的梦想：成为一名演员。在此之前，他已经在军队服役14年了。朋友们和家人都对肯尼迪说他是疯了才会离开军队这个"保险箱"。他们告诫他，再有仅仅6年，他就能享受正式退休福利了。有些人指出做演员生活艰辛，好不轻松，更有人暗示在他这个年龄想当电影明星简直痴心妄想。无视一切的反对和建议，肯尼迪放手一搏，前往了好莱坞。演艺工作需要不懈的努力和坚持，但肯尼迪实现了他的梦想。他先后在大热的电视连续剧中担任重要角色，并且以在电影《铁窗喋血》中的角色获得奥斯卡奖。

现在轮到你来行动了——任何行动——能让你的计划有进

展的行动。不要担心自己执行任务的方式是否是完美组织的，甚至也不要担心你是否按照自己的中期目标或告示牌在行动。

不要让恐惧或过往的错误
成为你行动的阻碍

> 如果你犯了些错误，你总还会有其他的机会。而假设你一次又一次尝试并反复失败。你能选择任何时刻有一个崭新的开始，因为这种我们所谓的失败并非跌倒，而是蛰伏。
>
> ——美国演员玛丽·碧克馥
>
> （1893—1979）

你有一个大梦想，甚至有一个实现它的计划，但是仍然犹豫是否踏出最初的几步将其变为现实呢？你害怕你会失败或是如果一败涂地，其他人会嘲笑你吗？你尝试过启动你计划中的最初的几步，仅仅因为结果不如预期就放弃了吗？

如果你还不愿意高速追寻你的梦想，那么用以下的低风险行动策略来克服惰性和被拒绝的恐惧。这些步骤简单易操作，会助你培养你所需要的动力和自信心，朝着你的长期目标取得明显的进步。

实施你的计划

针对回避开始的人士的 4 种行动策略；

行动策略 1：制作一份令你有成就感的活动清单；

行动策略 2：选择一个令你有成就感的活动并完成它；

行动策略 3：将这个令你有成就感的活动与你的中期目标联系起来；

行动策略 4：创建一个有趣任务和无聊任务夹杂的"活动三明治"。

行动策略一：
制作一份令你有成就感的活动清单

> 找到你最喜欢做的事情，并且让他人付钱让你去做。
>
> ——英国作家凯瑟琳·怀特霍恩
>
> （1929 年出生）

进一步查看第五章和第六章你的中期目标和流程图。确定几个你觉得更好玩更有趣，或是较其他更容易完成的步骤。别担心你挑选的这些步骤脱序了或者不是最重要的。挑选这些步骤的标准应是可以定义的个人满足感。比如，如果你的目标是在你家后院建一个玫瑰花园，比起刨除石头和野草根，更有意思的活动应如下所示：

· 走去图书馆研究资料；

· 采访专业园丁寻求建议；

- 上网加入其他后院园丁的聊天群；
- 阅读及整合你所有有关玫瑰花和园艺专业的书籍和文章；
- 参加家庭园艺设计和植物管理的研讨会；
- 去植物园看有导游解说的展览；
- 到本地玫瑰园逛一逛。

拥有一份跟你的目标相连接的，令你心旷神怡的活动清单，能在很多方面有助于你。打比方说你本来计划去参观一个植物园，可那天突然下雨了。如果你有一份和你的目标有关的多种活动清单，只要方便的话，你能快速选择另外一个活动。如此行动，你仍能朝着你的目标推进。手上备着这份让你心旷神怡的清单，你永远不必问自己，"我接下来该做什么？"

行动策略二：
选择一项令你有成就感的活动并完成它

> 向前进是我唯一的方向。
>
> ——苏格兰探险家 大卫·利文斯通
> （1813—1879）

是时候奉上某著名运动鞋生产商的口号了——"Just Do It. 就这么做吧！"别让任何犹豫潜入你的进程，接着把你甩出正轨。记住你的选择由你决定。但是，如果你打算去本地的玫瑰花园逛一逛寻找灵感，请确保你一旦开始就要完成这个任务。

一次只选择一个可以管控的活动来进行有很多重要的原因。如果你由于与完成中期目标相关的必要步骤太多而频繁地感到心力交瘁，那么只选择一个令你有成就感的任务来简化这个问题。一次完成一个简单的任务也能帮你建立自信，因为这表示你能够完成着手开始的事情。最后，完成一件令你有成就感的活动能激励你开始并完成其他有趣的任务。随着你完成一个个新任务，你通向成功的动力和能力形成了。

行动策略三：
将令你有成就感的活动与
你的中期目标联系起来

> 这世上最重要的事情不是我们身在何处，而是我们要去向何方。
>
> ——美国作家奥利佛·温代尔·霍尔姆斯
> （1809—1894）

将一个令你有成就感的活动与你的某个特定中期目标联系起来能增强你的能力，使你做好开始所做的事情。若想评估这个活动的价值，问问自己以下的这些问题。以下每个问题的答案，是按照梦想建造后院玫瑰园的人可能给出的例子。

我完成了自己开始着手的事情吗？

是的，我想看到一个精巧完善的玫瑰花园实例设计，而我做到了。

完成这项活动难度如何？

确实花了一番功夫，但完成起来比我预想的要简单得多。我得开车 45 分钟到达市玫瑰园。一到那儿，我花了两个小时勾画记录这个园林的设计。

这项活动何以被纳入我的宏图计划呢？

市玫瑰园激发了我的想象力，帮我将我的玫瑰园可能的模样视觉化。

这个活动如何帮助我更接近了我的中期目标呢？

我的中期目标之一就是为我花园里的藤本月季设计和建造一个格子棚架。这个玫瑰园里有各式风格的棚架，我可以稍作修改并运用到我的后院了。

这项活动有让我看清一些问题或是让我看到将来会遇到的障碍吗？

去参观市玫瑰园让我重新思考我的玫瑰园的大小。我注意到，跟我预想的比，现在我需要分配更多的空间给这些爬墙月季。

从这个活动中，我得到了什么新的见解或者机会呢？

我很幸运地跟一位园丁聊了聊，后者告诉了我园艺物品的批发市场。并且，他剪下一朵珍稀品种的爬墙蔷薇送给了我。我都等不及想看到这美丽的小仙子明年盛开在我的玫瑰园里了！

整体而言，这项活动有没有让我离自己的宏图更进一步呢？

这项活动在三个方便帮助了我。首先，现在我知道什么样的格子棚架是我想要在后院玫瑰园建造的。第二，我知道了去哪儿可以买到所需材料，还可以打折。最后，我还得到一朵获奖的玫瑰。

在这项活动后接着安排你有趣的任务清单或者你的小步骤流程图上的另一个活动。然后，你可以将一项令你有成就感的活动与一系列加速你朝着自己中期目标和长期目标靠近的步骤结合。

行动策略四：
创建一个有趣任务和无聊任务夹杂
的"活动三明治"

> 工作比娱乐更使人快乐。
>
> ——英国作曲家诺埃尔·科沃德
>
> （1899—1973）

如果完成一个目标可以像完成一些有趣的活动那样有趣，固然很棒。然而，现实是要完成你的梦想，你可能还需要完成大量无趣的任务。保持你的动力和维持你的进步的一个方法是，在两个有意思的任务中"夹心"一个无聊的任务，就像三明治一样。以下例子展示了你完成后院玫瑰园种植所必须的任务分类的方法。

有趣的任务	无聊的任务
·去苗圃采购	·耙去土里的小石块
·订购玫瑰花	·施肥
·设计花坛布局	·培土
·扦插玫瑰花	·除杂草
·搭建玫瑰花棚架	·在土壤里挖堆肥

这里告诉你如何从这个清单中选取三个任务创制一个"活动三明治"。首先完成一个有趣的任务，接着完成一个无聊的任务，最后选择另一个有趣的任务来完成，以结束创制你的"活动三明治"。"两片有趣的吐司"夹着"一片无趣的馅儿"制作"活动三明治"，你所能完成的会远超你可能想象的。

例如：

·去苗圃采购（有趣）

·除去杂草（无趣）

·扦插玫瑰花（有趣）

低风险行动策略创造动力助事情圆满

所谓优秀就是用不平凡的方式做平凡的事情。

——美国教育家布克·华盛顿

（1856—1915）

朝着你的目标前进的秘诀是从每一个活动中尽可能地挤压出动力来。如果你对自己正着手做的事情感觉良好，那么你会加倍努力。在两个有趣的活动中间，强塞、应付一个无聊的任务，逼着无聊的问题被解决掉。于是，你将攒起一股劲儿，带着你完成一个又一个活动，让你越来越接近自己的宏图。

小练习取得大成果

练习七

制作一个"活动三明治"

解决问题的策略：

制作夹心任务

这一策略通过将有趣的和无聊的活动结合，帮助你克服惰性。

问题是什么？当谈到完成目标时，大多数人倾向于进行有趣的活动而无视任何无聊或不快乐的活动。在有趣的活动中间夹杂无趣的活动，这样做，你会完成所有指引你走向中期和长期目标的步骤。

该做什么：首先选择一个中期目标。然后，用一个合适的栏目表，列出达成这一目标你所要完成的全部有趣和无趣的任务。最后，从"有趣的"一栏选用两个任务，从"无趣的"栏目中选一个任务，制作一份"活动三明治"。

中期目标：_____

_____

有趣的任务 | 无聊的任务

· _____ · _____
· _____ · _____
· _____ · _____
· _____ · _____
· _____ · _____
· _____ · _____

"活动三明治"

· _____

（有趣的任务）

· _____

（无趣的任务）

· _____

（有趣的任务）

后续行动

现在你了解如何将有趣的和无聊的任务结合以完成好事情，

实现自己的目标了。继续这个练习，查看你其他的中期目标，并运用本章提出的四个策略来启动每个目标中的一些小步骤。另外再使用一张白纸，创建一个为了达成每个中期目标所需完成的全部任务清单。然后制作一个"活动三明治"，并开始享受你想要完成的事情吧！

小事情清单

万事开头难——尤其当开头那几步很无趣或很难时更甚。正因如此，把注意力放在能帮助你实现目标的那些有趣的活动上非常重要。这里有一些额外的小事情，你做完会让你的所有任务更加有趣且受益匪浅。

∨ 总是关注如何将有趣的活动融入你的长期目标的"宏图"中去。

∨ 确定你的个人动机并用比较无趣的任务点缀这些动机。

∨ 带着要完成所有任务的坚定意志去处理它们。

∨ 如有可能，将你觉得无聊或做得不好的必要任务让他人代理。

∨ 试着在每个任务中寻找一些愉悦感，哪怕只是完成任务所获得的满足感。

∨ 总是不断地解决这些小任务，每次解决一个，培养动力，获取进步。

∨ 即使你会犯错，或事情不能如你所愿地发展，也要做出调整，坚持到底。

√ 谨记，唯一的失败就是你放弃尝试去取得成功。

下一步是什么？

现在你已采取行动，开始做那些引领向中期和长期目标迈进的小事情了。你会需要一些资源以完成这些目标，那么问题是：哪里去找这些资源呢？你的下一步是让你的创造力流动起来！

8

发掘你的创造力　加速取得成果

> 得到一个好想法，然后坚持下去。好好研究它，实践它，直到圆满完成。
>
> ——美国动画大师华特·迪士尼
>
> （1901—1966）

在美国，几乎人人都大快朵颐过 Cracker Jacks，那是一种玉米花生糖，但你知道它为什么如此受欢迎吗？它不是市场上唯一这类产品——实际上，这样的产品多如牛毛。到 1900 年，类似口味的糖果品牌超过一百种，包括 Yellow Kid, Honey Corn, Little Buster 和 Razzle Dazzle，举不胜举。然而，近一百年后，只有 Cracker Jacks 仍然能满足全国数百万甜食爱好者，其他品牌反而早已难寻踪迹。为什么？

Cracker Jacks 是因为其口味出众而 PK 掉其他玉米花生糖品牌的吗？当然不是。Cracker Jacks 赢得了大众点心爱好者的心，是因为它的发明者想到了一个创新的营销概念：他在每个盒子里装了一份小奖品。正如其他众多成功的故事，Cracker Jacks 的成功完全取决于创新，因为创新让它区别于其竞争者，独树一帜。

你能成为一名创意人

你希望自己变得更富创造力，可为啥你却总好像陷入用老办法办事的窠臼？在部门会议上，当你的老板问起有什么解决问题的建议时，你是否希望能想到一些解决方案呢？你想找到更有创造力的方法来克服障碍，达成你的目标吗？也许你知道有人能源源不断地想到很棒的想法，但你知道她是如何做到的吗？很多富有创造力的问题解决者运用一套技巧组合，创造、组织、实施新想法。他们会运用头脑风暴来激发其想象力，催生新想法。他们运用一种叫绘图的组织过程构建框架，将这些想法联系起来。最后，有创造力的人们会寻求新方式利用现有资源。现在你也能学会如何提高你的创新能力，变成一个"创意人"了。当你用上你的想象力，你会更快实现你的目标，并在这一过程中享受更多的乐趣。

头脑风暴：
激发各种想法和解决方案的产生

当你的想象力失去焦点时，你不能依赖你的双眼。

——美国作家马克·吐温

（1835—1910）

《韦氏字典》对头脑风暴的定义是：一种解决问题的技巧，激发人们自发地产生各种想法。

头脑风暴的目的是产生尽可能多的解决方案、想法或者结果，而不去评估它们的可行性或价值。对这些想法的批评在之后进行。通过围绕着某一个特定主体或问题提供的想法，头脑风暴依靠联想的力量而奏效。令人期待的是，一个想法会引发另一个想法，再引发另一个想法，源源不断。不论你是自己在做头脑风暴或是与他人一起，按照以下5个技巧就能激发新的想法。

5种头脑风暴技巧：

技巧1：聚焦一个明确定义的想法、问题或目标。

技巧2：依托从前的想法。

技巧3：产出大量的想法。

技巧4：使一种想法引发出另一种想法。

技巧5：记录你的想法。

技巧一：
聚焦一个明确定义的想法、 问题或目标

如果你还没有完成这件事，先从定义一个你想要关注的问题开始吧。如果你去想很多可能的解决方案来克服某一特定的障碍，而不是去想很多毫无关联的主意，这样的头脑风暴才最高效。例如，假设你想换工作，那么你头脑风暴的焦点应该是：找一份新工作。

技巧二：
依托从前的想法

> 一个想法是一场联想的功绩。
> ——美国诗人罗伯特·弗罗斯特
> （1874—1963）

另一种头脑风暴的技巧是确认以前曾对你管用的想法或策略，然后设法对其改进。你不必白费力气另起炉灶去做头脑风暴想一堆新点子；就做当下在做的事情，只是做得更好更加高效。比方说，你目前任职的这份工作，是一个朋友的朋友给你的信息。以此想法为依托，你可以与本地商会或行业协会会议建立商务关系网，以扩充你的人脉，增加就业机会。

技巧三:
产出大量的想法

> 我会将就穿上成衣,但从不曾屈从于现成的想法,可能是因为,虽然我不会缝制衣服,但我能思考。
>
> ——美国小说家简·鲁尔
> (1931 年出生)

成功的头脑风暴通常能产生大量的想法、建议和可能性。一场头脑风暴集体讨论会产生的想法越多越好。稍后你会有机会来整理这些想法。你不需要做的是把一个想法排除在这场集体讨论会之外,哪怕在那时它看起来有多无聊。设定这一规则是因为,人们惯常会倾向把想到的伟大想法最初当作笑话。千万可别扔掉这些璞玉呀!

举个例子,20 世纪 30 年代初期,查尔斯·戴罗是一个居住在宾夕法尼亚州日耳曼敦的待业工程师。为了打发时间,逃避让他头痛的经济问题,戴罗设计了一款精细复杂的地产棋盘游戏,以掷骰子点数下棋,融合"契约"、"酒店"和"房屋"的要素。日报绘声绘色地报导那些投机钻营者在地产投资上浮浮沉沉的故事,催生出对这款游戏要素的最初想法和创造者的想象力。随后,戴罗去新泽西州的大西洋城的海边度假胜地旅游了一趟,收获了更多有关这款游戏的想法,包括那些价值不菲的不动产的名字，例如"木板路""公园地"等。

有一天，戴罗和其他几个失业的朋友们玩着他的新游戏消磨了一个下午，一个朋友开玩笑说他应该把这款游戏卖给游戏公司帕克兄弟。其他的游戏就如他们调侃的都可以成长江前浪啦。到 1935 年，查尔斯·戴罗的新纸牌游戏"大富翁"一周卖出两万套，而戴罗本人踏上了成为百万富翁的道路。现在，"大富翁"成为世界上销售最好的两种纸牌游戏之一（另一个是"拼字游戏"）。

技巧四：
使一种想法引发出另一种想法

> 总有一个时刻，是你正在创造的东西和你在创造时所处的环境会融为一体。
>
> ——美国油画家格蕾丝·哈提根
>
> （1922 年出生）

头脑风暴之所以有效果是因为我们运用所思所闻的话语或者想法，产生联想或思想链接。话语或想法使得我们想到更多的话语和想法。这些新的想法反过来引发一系列新的话语和想法。如果你集中注意进行头脑风暴，你能将这些新的话语和想法连接成一个可以定义的概念，甚至是解决某个问题的各种方案。如果大家围绕一个问题，提供不同的观点、想法和解决方案，那么头脑风暴的效率会尤其高。

举个例子，我认识一个业余摄影师，他想离开社工这一旧的职业，转而将自己的兴趣变成职业。想要运用头脑风暴这一技巧，他首先考虑的中心问题是，如何利用摄影技巧来挣钱。接着他要想出尽可能多的话语或是想法来提出一个解决方案。通过一个想法引发出另一个想法，并不放过任何想法，这个未经组织整理的清单看起来可能如下所示：

头脑风暴问题：
我如何能靠出售照片、利用我的相机知识
和暗房技术来赚钱呢？

·学校和私人人像拍摄	·促销	·登发新闻稿	·广告
·新闻报刊	·杂志	·海报	·旅行书籍
·日历	·Processing labs	·PPT 展示	
·美术展览	·明信片	·婚礼	·照相机店
·体育赛事	·动物书籍和杂志		·模特儿
·照片档案馆	·在本地学院或娱乐部门教学		·教科书

一如从前，在聚焦这种头脑风暴技巧时，需产生最大数量的可能的想法而不去评判它们的可行性或者实用性。之后自然会对其进行评价和整理。

技巧五：
记录你的想法

> 当我无法入睡的那个夜晚，正好是我思路畅通，灵感迸发的时候。
>
> ——奥地利作曲家沃尔夫冈·阿马德乌斯·莫扎特
>
> （1756—1791）

还记得上次你在半夜里或是在你跑步时有了个巨棒的想法，但你忘记记录下来了吗？那个巨棒的想法可能就这么永远消失了，或许至少得等你碰巧再次想起。别在让这些巨棒的想法——哪怕是小小的想法——从你身边消失。确保在这些想法跳入你的脑袋时，把它们写下来或者录音。头脑风暴能够产生很多有用的想法，但是如果你不去抓住它们，它们会烟消云散，随风而逝。

头脑风暴之禁忌

谨记头脑风暴的目的是产生大量想法，因此避免以下这些点子榨汁机滤走你的想法：

禁忌

· 在你思考一些想法时，评价或判断其优劣。

- 有些想法有明显的缺陷，一旦发现立即否决。

- 在你想到一些想法，发现它们如何不切实际或者不可能实现时，选择无视它们。

如果你与他人进行集体讨论会，没有什么比锋芒相对的气氛、粗言秽语或不得体的言论能更快破坏这场创意会议了。因此，也请在集体讨论会时避免说出这些扼杀想法的语句：

- "那个永远搞不出什么名堂。"

- "我们以前试过那个想法。那是不管用，现在也不会有用。"

- "你到底在想什么呀？"

- "这个想法疯了。"

- "这件事已经完成了。"

- "我不这么认为。"

- "比起它带来的价值，它带来的麻烦更多。"

- "这是我听过的最蠢的事。"

- "太荒唐了。"

- "您跟我们在一个星球上吗？"

衡量一个想法的价值

> 我会屏蔽外在的事物，而专注于手头的任务。
> ——美国最高法院首位女性法官桑德拉·戴·奥康纳
> （1930年出生）

提到头脑风暴，既有好消息又有坏消息。好消息是头脑风暴催生大量的想法和解决问题的可能办法。坏消息是并非所有的想法都对你的特定目标有助力或适用。正如一个园丁需要剔除花坛中的弱苗，你也需要筛选你的想法，并且聚焦于那些最有潜力的想法。

并非所有的想法都同等重要；有些想法会比其他想法更有可能帮助你达成目标。问题是，你如何能知道哪些想法现在运用，哪些想法以后运用，哪些想法该舍弃呢？别急着得出结论，先给自己一点时间思考这个想法或选项会如何影响你的整体计划和目标。允许一点时间的筛查，会让你以更广阔的视野审视你的想法。我用以下的两条标准来衡量一场成功的集体讨论会后产生的想法和解决方案。

标准一：
这个想法会帮我实现我的中期和长期目标吗？

并非所有你得出的想法——即使它们是好的想法——会帮

助你达成你的特定目标。要决定一个想法是否值得执行，问问自己：

· 这个想法能融入我的"宏图"计划吗？抑或它只是分散了注意力？

· 这个想法是强化了（或是削弱了）我对中期和长期目标的注意力吗？

· 我有让这个想法切实可行的技巧和资源吗？

· 实施这个想法的难易度如何？

· 这个想法会帮我节省时间或者金钱吗？

· 这个想法安全吗？

· 这个想法有助于消除无用功和无用资源吗？

· 这个想法与我的价值观相符吗？

标准二：
现在是将这个想法付诸实施的好时机吗？

相比其他因素，错误的时机可能是更多想法失败的原因。你可能有个好主意，但是时机可能是错误的。想要帮助自己决定你的想法是否符合时机，问问自己：

· 如果我现在就实施这个想法，我会获得到怎样的好处？

· 实施这个想法会对我的计划的其余部分有何影响？

· 如果现在实施这个计划会出现什么机会呢？

· 现在实施这个计划会有哪些好处和坏处？

· 如果我等待一段时间，这个想法会否更易或更难实施呢？

·一些外在力量，譬如天气、商业环境或者材料利用是否影响这个想法的成功呢？

·我的时间掌控对这个想法的成功是否至关重要呢？

去粗取精，萃取好的想法

> 为了让这些想法奏效，我们必须火力全开。我们必须将它们付诸实施。
>
> ——英国女作家弗吉尼亚·伍尔夫
>
> （1882—1941）

要把好的想法和谬误的点子区分开来不总是一件容易的事。不论想法有多不合实际，有人会迟疑而不放弃任何想法，仅仅是因为这是她想到的。或者，一个悲观主义者的刻板观点或恐惧会给一个十分有价值的潜在想法泼冷水。通常，你会需要测试你的想法看看它是否会发挥作用。一旦你决定一个想法是潜在有用的，发展你的创造性技能的下一步就是组织所有与之相关的成分。

绘图——可视化组织你的想法

> 选取一个对象，为它做些事，还为它做其他能做的一切事。
>
> ——美国画家嘉士伯·琼斯
>
> （1930 年出生）

绘图这一技巧是快速、有创造力地在白纸上运用话语、方格、横向、标志、颜色乃至图片来组织杂乱无章的想法。这不同于传统的整理信息的罗马数字大纲视图。就是当你要用一个正式的大纲，首先你会建立一个框架，然后在字母和数字旁边填上你的想法。绘图的操作全然不同。它顺应很多有创造力的人们必须"毫无章法"才能想到主意的倾向。通过绘图，你能组织好这些无序的思路和想法，而不会缩短 curtail 创新的过程。当我写这本书时，我综合使用了以下头脑风暴和绘图的方法来产生和组织我的想法。

以下示例使用绘图方式来组织各种想法，说明如何找一份新工作。请查看每一步是如何生成的。

绘图步骤 ABC：

A = 提出你的中心想法、问题或目标。

B = 进行头脑风暴随机列出一份想法、解决方案、步骤等的清单。

C＝采纳主要的想法，写到中心想法、问题或目标旁边的方格里。

A＝提出你的中心想法、问题或目标

在一张纸中心的空格中写下一个关键词，代表一个主要想法、问题或者目标。例如，如果你想在计算机行业找一份工作，你会这么写：

找一份计算机相关工作

B＝进行头脑风暴，随机列出一份想法、
解决方案、步骤等的清单

现在你在本章最开始学到的那些头脑风暴技巧可以派上用场了。写下尽可能多的想法，但现在不去评价它们。一个求职者的随机想法清单可能这样：

- 接受额外计算机培训。
- 面试招聘人员。
- 上网搜索工作信息。
- 继续搜索面试信息。
- 给目标公司的人力资源部打电话。
- 查询本地大学的计算机课程。
- 参加行业协会会议。
- 提升面试技巧。

- 与业内的朋友交流。
- 找老师培训演讲技能。
- 查看媒体有关行业发展的报道。
- 购买二手电脑练手，找一份自由职业工作。
- 加入一个工作室提升网络技术、技巧。
- 向朋友询问新电脑软件的操作建议。
- 利用录像机模拟练习面试过程。
- 就业市场调研。

C=采纳主要的想法，写到中心想法、问题或目标旁边的方格里

现在拿着这张随机列出的想法清单，制作一份围绕中心方框组织有序的图表。我总是会在我的清单中寻找主要想法，并把它们填在我的中心想法或目标旁边的卫星方框中。与求职者而言，这些主要想法可能是：获得计算机培训；就业市场调研；提升面试技巧；上网搜索就业信息。中心想法及其卫星方框中的想法如下所示：

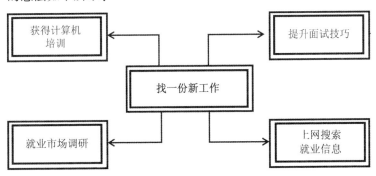

然后围绕中心想法，写下每一个与其有关的附加想法。以下图表展示如何将一个求职者无序的清单，包括 16 个想法、解决方案、步骤及其他，用一张图表有序组织起来。在本章末尾，你将有机会进行这种练习，利用图表来整理你的想法。

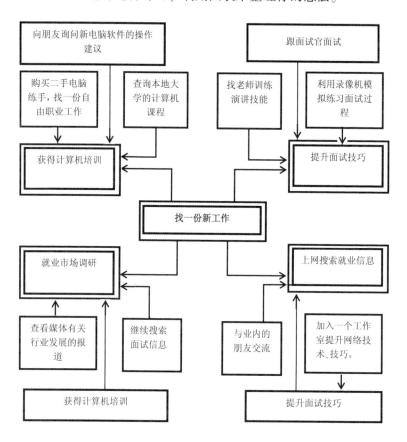

头脑风暴和绘图法
让你的所有想法一目了然

> 我走在卡伦博格的路上，当天开始热了，而我有点饿了，我在小河边坐下，要打开我的瑞士三明治吃。正当我要打开那层油油的包装纸时，那个低沉的音调跃进了我的脑海。
>
> ——奥地利作曲家安东·布鲁克纳
>
> （1824—1896）

绘图能帮助你看到大目标和小任务。它能帮你将头脑风暴后获得的所有那些了不起的想法组织成可见的图表。通过创建你的目标和想法的图表，你便能查看你计划中的每个细节是如何分布的，以及还有哪些缺失。尽管拓展你的创造性技能超有意思，但要确保结果能促进你朝着自己的目标前进。要确保你的头脑风暴和绘图是围绕一个中心想法、问题或是目标来展开的。一旦你开始绘制你的图表，就要循着向你的中期和长期目标越来越近的必要步骤前进。在你训练自己的创造性技能时，你将发现有项获取想法和解决方案的伟大资源尚未开发，那便是：你的想象力。

练习八

绘制你的想法

> 解决问题的策略：
>
> ## 制作夹心任务
>
> 这一策略帮你将你的想法组织绘制成图表，让你对各想法之间的联系一目了然。

问题是什么？将你所有的想法都组织成一体看起来像不可能完成的任务。如果你制作好一张想法图表，你便可查看组成你的目标关键要素之间的关系和整体框架。

该做什么：在图表中间的方框中写上一个长期目标和四个中期目标。在另一张空白纸上，做头脑风暴并尽可能多地列出与你的目标相关联的想法。不要评价、限制你的想法或给它们排序。下一步，将你清单中的想法整理好填入你的想法图表中。

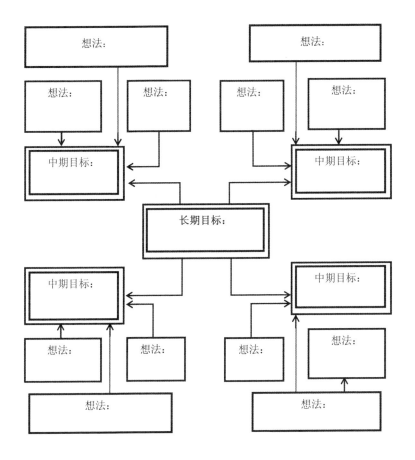

后续行动

现在你了解如何使用想法图表，围绕你的中期和长期目标来组织你的关键想法了。下一步就是为你的每一个中期目标创建独立的想法图表了。在一张新纸张上，画出一个新的图表，将一个中期目标写入正中的方框里，再一次开始头脑风暴的过程。马上你就会想得出很多想法，并把它们安排地井井有条，你会以自己未曾想过的速度迅速付诸行动，实施这些想法。

小事情清单

产生很多想法并加以组织整理能刺激你的想象力，引导你得到可衡量的结果。以下小建议也会帮你提升创造性技能，加快你朝着目标前进的步伐。

√ 对一种工具或资源进行调整或改编以解决一个新的问题。

√ 最大化利用每一种你所拥有的资源。

√ 将一种方法化繁为简，节省时间和金钱。

√ 重新安排你的资源，提高使用效率。

√ 查看如何能用一种资源解决两个问题。

√ 改进旧的想法。

√ 总是寻找新方式来使用旧资源。

√ 改变以往做事的顺序，看是否会有更好的结果。

√ 用新想法代替已失效的原来处事方式。

√ 寻求将两种旧想法结合来解决一个新问题。

√ 不断寻求小的想法，它们会带来重大突破。

下一步是什么？

既然你知道如何提高创造性技能以加快前进的步伐了，便可以闯关进入第9章了。下一步在努力工作的同时，不让自己精疲力竭。

9

步步为营　助你坚持到底

> 最伟大的运动员对胜利如此渴望，愿意一路狂奔至生命的尽头。你可以痴迷于胜利，但若对这种痴迷放任自流，它会极具毁灭性。
>
> ——美国长跑运动员艾尔伯托·萨拉扎尔
>
> （1958 年出生）

美国马拉松长跑名将玛丽德克·史兰尼一直都很紧张自己的训练，但现在她开始调整训练强度，以避免一直威胁着她的职业生涯的重大问题发生——慢性疲劳和慢性损伤。过去，当史兰尼训练强度过高、时间过长，她赢得了多个赛跑项目——她还保持着美国长距离跑步的多项纪录——但代价惨重。她常常会在训练期间或是比赛后生病或受伤。史兰尼付出了惨痛的代价才吸取了教训，为了修正跑步引发的损伤，她忍受了几乎20 场手术。她打定主意一定不能结束她长久而出色的职业生涯，她开始遵循一套严格的计划，进行有控制的训练，逐步增加跑步的距离。功夫不负有心人，37岁那年，她仍保持着健康的身体素质，并通过了1996年奥林匹克5000米长跑的选拔赛。

决赛的那天到了，玛丽知道过去数月调整强度，步步为营的策略已然奏效。她的状态极佳，准备好了应战全球最厉害的女长跑运动员们。接着，赛跑中最激烈也是最考验她的力量、自控力和耐力的时刻到了。当玛丽和其他领先的选手们一起进入跑道最后一程要冲向终点线时，一个跟她不相上下的竞争对手撞到了她。玛丽脚下一绊差点摔倒，不过她立刻找回平衡，全力加速争取到第二的位置，获得了一枚银牌。

步步为营八步配速策略

第1步：制作一份长距离的比赛计划。

第2步：使用"分段法"将你的努力按等份划分。

第3步：开始一项困难的任务之前做好热身活动。

第4步：记录你的进步为自己增强士气。

第5步：运用"难-易"机制来减轻慢性疲劳。

第6步：有选择地交叉训练来加强体能。

第7步："高峰训练"和"减量训练"结合，达到最佳竞技状态。

第8步：保留爆发力，做强力冲刺。

马拉松策略　助你完成目标

> 保持呼吸。
>
> ——美国歌手苏菲塔克
> （1884—1966）

正如玛丽德克·史兰尼所揭示的，马拉松冠军选手并不是枪响出发，一溜烟就能跑赢一场长距离比赛的；他们得训练好几个月。他们知道力量、自律和耐力决定着他们在这场比赛中能获得怎样的成绩。同样的规则也适用于你实施某个重大任务的时候。步步为营，设定好前进速度能增加你完成目标的可能性。在你追寻中期和长期目标时，运用以下步步为营八步配速策略，你终能成就自己。

配速策略第一步：
制作一份长距离的比赛计划

> 如果没能有所计划，那你正计划着一事无成。
>
> ——谚语

大多数赛跑选手都会在发令枪响之前思考他们的长跑比赛策略。也许他们会一马当先，引导其他选手的速度，或是跟随对手的脚步。他们也有可能会在中间伺机超越前面的选手。有经验的选手通常不会在长跑比赛一开始就冲刺，因为他们知道如果想要冲过终点，必须保存能量。他们也了解在比赛的末尾，他们需要使出蓄积的全部能量向着终点线做出至关重要的冲刺。

也许你的梦想是取得大学学位、买个房子或是去国外旅行。这里的建议是制作一份长距离的计划，步步为营。一份长距离的计划是什么样的呢？它不必太过周密，只要明确就好。举例来说，我见过一位女士，她在一个大酒店做全职经理助理，同时她在上课，想成为一名法庭记录员。她这么介绍自己的长距离比赛计划："由于我的目标得要大约两年才能实现，我还得继续在这儿工作，每学期上三门课，直到获得我的学位。这样，我就能换工作，而且整个过程不会逼死自己。"

采取了长距离比赛计划，你就能在每个中期目标中调整自己的速度，增加按计划实现长期目标的可能性。然而，如果你一出发只是奔着终点去，而不在长距离中步步为营调整速度，你很有可能还没到终点就已经精疲力竭了。

配速策略第二步：
使用"分段法" 将你的努力按等份划分

"分段法"是赛跑运动员使用的另一个配速策略。其理念是用同等的时间跑完赛程的每一半。这一策略帮助选手控制自己的速度，以使自己有充足的力量做最后的冲刺，最终有机会取得胜利。对于您这样的目标追求者来说，这一策略的美丽之处在于你能有条不紊地推进你的目标，而不会变得最终疲惫不堪。

正如所有的分段法配速策略要求自律。你的项目在进行前半段时，你可能忍不住拼尽全力，但你需要控制自己，保留自己的干劲。举个例子，我认识的一个人，一个项目还未结束又开始了另一个项目，但最终几乎一事无成。他开始这份工作时势如破竹，鞠躬尽瘁，仿佛没什么事能让他停下。然而，大约在他努力到一半的时候，他不可避免地因为心力交瘁而放弃了。如果他学会了分段法配速策略，他也许就能打破这种心力交瘁的失落局面，进而能保留继续进步所必须的实力，坚持到最后一刻。

我在写这本书时就运用了分段法策略。我用了大约一年时间来写一本书，我把任务分成了两组六个月的模块。第一组分段的中期目标是做研究、写作和修改第一版完整的初稿。第二组分段的目标是将完整的手稿再修订三遍，而后完成最终稿。分段策略让我写作这本书时有了必需的灵活度。举例来说，如果我没有像预先制定好的计划在第一组分段写完那么多的章节，那么我能在第二组分段时多写一些。这一策略也让我在项目收尾时有充沛的精力来处理任何障碍，并对书做最终润色使其尽善尽美。

你也可以使用分段法策略来达成你的中期目标。比如，如果你想要在一个月内完成中期目标，那么将你的小步骤和任务分配到两个两周的分段时间来解决。如果你在第一个分段完成了你的任务，那么你将极有可能在第二个分段完成剩余的任务。

配速策略第三步：
开始一项困难的任务之前做好热身活动

　　每个赛跑选手都知道投入一场艰难的体育运动之前如果未做伸展运动，那是自找麻烦。忽略热身运动会导致肌肉拉伤或其他一些痛苦的损伤，以致他或她被淘汰出局。以正确的运动进行热身则可消除这样的问题。谈到消除障碍，如果在你开始努力前花上几分钟热身，通常会让中等难度和困难的任务变得简单很多。举例来说，在我开始一整天的长久写作之前，我通常会用《纽约时报》的纵横字谜游戏进行 15 分钟的热身。这个游戏很有趣，有挑战性，能让我的大脑在清晨开始运转，使我能专注于之后的苦差事。当然，我不花这十几分钟填字，天也不会塌。但是，真正集中注意力要花费的绝不止 15 分钟，很可能要半小时。以那样的速度，我每周得多花 75 分钟以上静下心来工作。

　　这一配速策略也许不适用于所有长期目标，但你可以运用于中期目标和短期目标。我们举例来说，今天是周一，周五计划要有一个很重要的面试，你能做以下热身为你的面试做准备。

面试热身

　　周一：查看你所申请的职位介绍和要投的简历。

　　周二：在镜子前演练自我介绍，检查你的肢体语言是否得体、干练。

周三：练习说明你是这个职位最佳人选的 3 个原因。

周四：与你的朋友或演讲教练模拟一场面试。

周五：提前 20 分钟到场，在面试前遛个湾，整理思绪，放松，去休息室检查自己的仪表。

在你一头栽进某个困难的任务或步骤之前尝试热身活动吧。最好的热身活动都是有趣、轻松、快速的，能让你身体舒展柔软，神清气爽地投身马上要开始的任务。

配速策略第四步：
记录你的进步为自己增强士气

士气是一种让你保持动力、投入和进步的一种有力量的情绪。为了在赛跑前增进士气，选手们通常会记录他们练习的时间，如此他们就能知道离自己的赛跑目标是稳步前进的。你可以用同样的策略帮助自己实现长期目标。譬如，我知道我能持续每天写 4 页手稿。基于这个进度，我能预测写完一章大约需要多长时间，最终写完一本书需要多长时间。我总是依据写作进度表来工作，并记录我的进度。这样我能看到我的配速安排是否正确。还别说，每当我完成一章的写作或编辑，看到进度表上打上的勾，我特有满足感。

保持简单的记录还能帮你持续性增进士气。有几个上午，可能除了你的项目，其他任何事情你都愿意做。持续的记录能激励你完成一个任务，哪怕当你宁愿做其他事——任何事——

除了任务以外。譬如，我有个朋友坚持每天慢跑。为了增进士气，培养自律，他每天跑完就会把一个亮黄色跑鞋小贴纸贴在他的日历上。他连续保持了 56 天的记录。就算我朋友不想跑步或天气不好，他也会跑，因为他不想破坏自己的记录重新开始。

配速策略第五步：
运用"难-易" 机制来减轻慢性疲劳

慢性疲劳和慢性伤害是运动员的最大威胁。为此，田径教练比尔·鲍尔曼开发出"难-易"训练机制。他了解，与练习一样，休息也是成功训练的一部分。运用这一机制，一个赛跑运动员进行一天的高强度训练，接下来的一天或两天减轻训练量。第三天，她再加强训练量。鲍尔曼发现运用这种训练方法的运动员进步更快，受伤更少，还避免了慢性疲劳。

正如长跑运动员那样，慢性疲劳和疾病也会威胁你实现目标。运用"难-易"训练机制能帮助你避免这些问题，帮你加速实现中期和长期目标。在第五和第六章的结尾练习中，列举了一些为达到目标所需采取的步骤。如果再细致地查看这些步骤，会发现一些步骤比另一些难很多。如果每隔几天关注一个高难度任务，中间关注一些中等难度和简单任务，就能避免在接近目标之前精疲力竭。例如，我在写一本书的项目之初运用"难-易"工作计划表。如下所示：

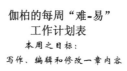

伽柏的每周"难-易"
工作计划表
本周之目标：
写作、编辑和修改一章内容

任务		难易程度
周一：	进行篇章研究	简单— 一般
周二：	拟写篇章大纲	一般— 困难
周三：	写篇章初稿	困难
周四：	编辑篇章	困难— 一般
周五：	写篇章第二稿	一般— 简单

配速策略第六步：
有选择地交叉训练以加强体能

在他的书《钢铁和丝绸》中，马克·萨尔兹门讲述了他在中国教授英文以及师从几位功夫大师的经历。一位老师建议萨尔兹门学习书法来配合他的武术训练。这位老师认为掌握书法和习武在很多技巧和自律性方面是相通的，开发了其中一种便可以提升另一种能力。1985 年在中国天津举行的全国武术比赛暨大会上，从萨尔兹门的公开表演来看，他的交叉训练卓有成效。

交叉训练是很多赛跑选手和其他项目运动员用来加强体能、完善其训练或帮助从伤病中恢复的手段。例如，如果一个选手的主要目标是跑马拉松，那交叉训练可能包括骑自行车、滑滚轴、越野滑雪和游泳。交叉训练背后的哲学是只做一件事会使人倦怠——不论是跑步也好，写作也好，或是找工作——一向如此。交叉训练有了多样化，提供机会增强你的能力同时避免慢性疲劳和无聊。

你也能利用交叉训练的手段帮助自己实现目标。不过，选择交叉训练的活动要有常识和目的性。如果你有一个特别的弱项妨碍着你的进步，那么一个有针对性的交叉训练项目或活动会帮到你。例如，我写的大部分是非小说类书籍，那我同时开始写一本小说来帮助我提升自己的描述性写作技巧。我也做些交叉训练，通过展示工作室和发表主旨演讲来讨论我书中写到的那些主题。

打个比方，如果你开始经营一个新的生意，那么可能的交叉训练活动包括：

- 阅读一本小的经商手册；
- 参加一个"你的业务营销"研讨会；
- 在一个商会会议上发表演讲；
- 为与你的生意有关的协会提供志愿服务；
- 在电脑上学习一种客户数据库管理软件。

对交叉训练的活动要有所选择

选择正确的交叉训练活动之秘诀是，确保其能完善和补充其他指引你完成中期和长期目标的特定活动。应避免太耗时费力的交叉训练活动，因为它们会让你与最初的目标背道而驰。尤其要谨记，交叉训练不是指休息、休闲或者娱乐活动。

配速策略第七步：
"高峰训练"和"减量训练"结合，
达到最佳竞技状态

> 我还未听说哪个人没有经过刻苦努力就能攀上顶端的。这就是成功的秘籍。
>
> ——英国首位女性首相玛格丽特·撒切尔
>
> （1925—2013）

读大一的时候，我的学习效率不高。我还记得在一场特别难通过的经济学考试之前我死记硬背了好几天。和其他很多学生一样，在进考场的头天晚上我还在挑灯啃书，第二天早上睡眼惺忪地去考试。结果大失所望，我考得很糟糕，我的分数让我沮丧万分。在和我的老师讨论了这场考试以及我的学习习惯后，他建议我在下次期中考试时尝试一个不同的策略。

他让我在考试的前4天逐渐增加每天学习的时间，接着逐渐减少我的学习时间，并在考前8小时内完全停止学习。他解释称，这一策略使我合理配速，为考试保持清醒的头脑。这听起来很有道理，于是试着这样做了。下一次考试结果大为不同。这位老师的建议不仅帮助我顺利度过大学生活，而且直到今天，还在我定下并实施长期目标时为我所用。

赛跑运动员常常使用这种所谓的"高峰和减量训练"策略——在特定的一个日子里赛出最佳成绩。"高峰训练"是指增加你努力的强度和频率，直至你能发挥最大能力。"减量训练"是指降低你努力的强度和频率，以使你的身体和大脑在另一天达到最佳表现之前获得充足的休息时间。"高峰和减量策略"着重于适时加强推进以及适时减轻弱化。

"高峰和减量策略"会帮助你在长时间里以相对少的努力取得更好的结果。要想有效运用这一策略，请确保：

- 知道你自己何时需要有最佳发挥。
- 应你要发挥之要求，安排高峰策略时间表。
- 系统地提高你努力的强度和频率以提高体能。
- 了解你的极限，谨慎防范错误，避免生病或受伤。
- 当达到你努力的高峰强度时，须降低其强度和频率。
- 在你做到最佳努力水平前停下休息。

配速策略第八步：
保留爆发力，做强力冲刺

马拉松选手皆知比赛的最后几英里若要保持匀速，需要更多身体上和心理上的努力。然而，在一场势均力敌、你追我赶的比赛中，选手若想获胜，必须快速冲击终点线。对于需要你投入大量时间和精力的几乎所有付出，这一原则同样适用。

即使你已经调配了自己的速度，那么为了做到最好，你可能还需要在临近项目收尾之时挖掘你的能量储备。在最后阶段，你将需要工作更长时间、更加专注、更有耐心及更自律。当你十分接近项目末尾就要看到终点线时，很容易忽视余下的一些细节。在这个关键时刻，没有什么比失去焦点对你的成功更有害的了。

举例来说，在写书的最后几周里，我累了，想要结束工作。然而，不论我有多想停下来，我都更加努力地工作直到交稿日期——我的终点线。像一个马拉松选手接近比赛最后一程那样，我深入挖掘我的储备，拼尽全力完成工作。我不断对自己说，"专心致志，拼命努力到最后"。最后，我能放松下来对自己交代，"我已经尽力做到最好了"。

混合搭配配速策略

实际上配速跑是让你展示出自己最好的一面的最佳方式。

——新西兰长跑教练阿瑟·里迪亚德
（1917 年出生）

当你放手去实现你的目标时，请根据你的特定需求，混合搭配这八大配速策略。你还可以调整这些策略以帮助你解决过去曾阻碍你进步的头疼障碍。检测这些策略，感受一下哪些策略能跟你的工作风格恰如其分地配合起来。选择那些对你最管用的策略。最后，不论你运用哪些配速策略，它们都会帮助你取得稳步进展，完成那些小事物，而后实现你的大目标。

小练习取得大成果
练习九

步步为营，
为长期任务制定配速策略

解决问题的策略：

制作一个"难-易"配速图表

这一策略帮你对简单、一般和困难的任务进行组织和日程安排，如此你能完成目标且不会遭受慢性疲劳。

问题是什么？即便是积极向上的目标实践者，也会在调配不好自己的进展速度时感到沮丧失落、过度疲劳或是生病。当你在每日设法完成你的中期目标时，创建并实施一个"难-易"训练日程表能提升你的体能和耐久力。

该做什么：首先，运用"难-易"配速图表来组织那些达成你的中期目标所要完成的全部任务。然后，根据你的时间表和可用性来完成配速日程表。给你列出的每一个任务圈出难易程度。

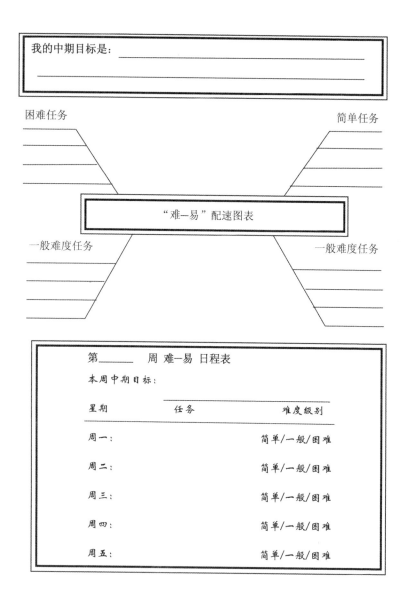

我的中期目标是：_____

_____

困难任务　　　　　　　　　　　　　　简单任务

"难—易"配速图表

一般难度任务　　　　　　　　　　一般难度任务

第_____周 难—易 日程表

本周中期目标：

星期	任务	难度级别
周一：		简单/一般/困难
周二：		简单/一般/困难
周三：		简单/一般/困难
周四：		简单/一般/困难
周五：		简单/一般/困难

　　注意：找到必要的时间来完成你的"难-易"计划表上的任务是个挑战。就算有时候你没有什么时间做这份工作，也要

尽力完成至少一个简单的任务。这一配速策略最重要的部分是你需要步步为营地稳步完成你的中期和长期目标。

后续行动

既然你了解到如何将不同难度的任务组织安排到"难-易"配速日程表，试着给这些任务进行排序吧。例如，也许在试验过这个日程表后，你发觉你更喜欢在周一或周二专注于最困难的任务。那么你可以把简单点的任务挪到一周剩下的几天。找到对你而言最有效的"难-易"策略组合。不过，如果你把困难的任务留到一天或一周结束时，最后你可能会没有了动力或把最有创造力和最高效的的时间用在了没那么重要的任务上。

小事情清单

在通向你的中期和长期目标之路上步步为营、稳步前进需要耐心和自律。以下建议能帮助你保持在正轨上而又不精疲力竭。

√ 项目越久实现目标越困难，遵循一个自我约束的配速策略越重要。

√ 试验不同的配速策略组合，看哪一个对你最有效。

√ 观察并与高效人士交谈，了解他们是如何完成事情而不会过度疲劳或者生病的。

√ 随时调整自己的身体，这样你就能了解何时你会达到身体、情绪或精神的极限。如果你感到疲累，就停下来。小憩片刻再重新开始努力。

√ 在整个项目推进过程中，你可以不断地开始调整分配速度。你起初定下的速度看起来很易操作，但随着项目的推进，特别是临近项目收尾时会变得困难很多。

你从攻略三中收获了什么？

前三章中，你学会了如何实施你的计划。知晓帮助你越过开启项目时会遇到的最初障碍的四个行动策略。你学会了如何将有趣的任务和无趣的任务夹心组合来完成所有的任务。你也发觉如何进行头脑风暴集思广益，而不预先判断这些想法的价值和可行性。你看到了如何绘制一张想法图表以完成某个工作。最后你学到了八大配速策略——基于马拉松运动员所使用的——帮助你冲过终点线，完成你的项目。

下一步是什么？

现在你已启动你的计划，可以准备闯关第四步第 10 章了。下一步是运用批评意见帮你实现目标。

攻略四

坚持，坚持，再坚持

不要接受任何放弃的借口——不论你有多想接受

不要放弃。不断前进，那么你在某件事上栽跟头可能是预料之中的事；但是，我从来没有听说过，任何坐着不动的人会被绊倒。

——美国发明家查尔斯·凯特林（1876—1958）

10

利用批评建议克服障碍

　　大多数人都听过关于他们的工作或目标恶意或批评的话语。达成目标者与未达成目标者的不同，很大程度上取决于他们是如何看待和利用这些批评的。大多数成功人士乐于接受建设性意见。他们通过从批评中汲取正当的观点和建议，学习、提高并继续朝着他们的目标前进。与此同时，成功人士常常无视那些悲观主义者、怀疑主义者的未经请求的或无知的批评。相反，敏感之人，会让他人的批评——无论是否有建设性——吞噬自己的热情，磨灭自己的信心。因此，这些人常常会停下工作，最终放弃追寻他们的梦想。

切莫因为某人对你工作的批评而放弃

自己做好了就可以，别人爱说什么让他们说去吧。

——古希腊哲学家毕达哥拉斯

（前580—前500年）

应对批评会很痛苦，但因为某人批评你或你正努力完成的事情而放弃努力，就是大错特错。与其认输，不如先深呼吸。然后判断这个批评是否有建设性，以及该如何看待它。利用这两步计划，决定是否接受或拒绝某个批评。

判断批评价值的两个步骤：

第1步：评估批评者的知识水平和动机。
第2步：衡量批评的价值。

第1步：
评估批评者的知识水平和动机

批评很难被接受，但它能帮助你克服障碍，加速得到你想要的。棘手之处在于如何评估并且利用人们对你的批评。因此，需要在采取行动前对批评的来源进行评估。当批评来自知识渊博并且善意的人们，它就能帮助实现目标。反之，如果批评是无知的，它定是弊大于利。对你冷嘲热讽的人可能背后打着小算盘，或者想要测试你的自信心。当然，如果别人是友善地调侃你，不妨把它当笑话附和一下。要决定是否接受批评时，问问自己：

这个批评者有相关领域的知识背景或从业经验吗？

如果答案是"是"：仔细听听源自知识渊博的人们的批评，如该领域的教练、老师、教授、同事或者领导。你不一定照单全收，但你很有可能从他们的经验和热心帮助中获益，助你实现目标。举个例子，当女演员英格丽·褒曼向导演阿尔弗雷德·希区柯克抱怨她无法自然而然地出演某个场景时，导演建议她"假装"演出来。后来，褒曼说这个是她从影以来收到过的最好的表演建议。

如果答案是"否"：自以为无所不知的人、"鹦鹉学舌"的人、一知半解的人或悲观主义者未经请求，就对他们知之甚少的领域给出建议。那么礼貌地道声谢，但不用理会他们的评论和建议。举个例子，埃德加·爱伦·坡的荒诞小说和病态诗歌震惊和冒犯了当时的文坛，引发了暴雨般的批评。坡没有理会他们的意见，他以死亡为主题的诗歌《乌鸦》为他赢得了全世界读者的赞誉，如今仍被誉为美国文学经典之作。

批评者的发言是真诚的吗？

如果答案是"是"：仔细倾听真心想要帮助你成功的人们给予你的建设性意见。他们也许不是知识最渊博的人，但如果他们的关心和动机与你的目标严丝合缝，那么他们的想法可能对你会有所帮助。谨记即使是朋友友善的调侃也是对你表达支持的一种方式。举个例子，巴迪·哈克特和他的喜剧演员朋友杰米·杜兰特刚打完一场高尔夫球。杜兰特一共打了200多杆，很明显他在这方面没什么天分。当杜兰特问应该给球童什么当做小费时，哈克特回答道，"把你的球杆让给他打吧。"

如果这个答案是"否"：有些对手和竞争者会批评你的努力或冷嘲热讽不过是想挫伤你的自信心和积极性。如果你重视与他们的关系，你会想要搞清楚这些负面言论背后真正的原因，因而与他们讨论。然而，如果你跟这个人没有特别的关系，就无视他的言论吧。举个例子，在凯瑟琳·赫本长久而成功的电影生涯初期，她收到过一些令人不快的评论。评论曾一度称她为"无趣的演员"和"票房毒药"。所幸她并没有让那些恶意的言论阻碍自己的演艺之路，并赢得4座奥斯卡小金人。

你会询问反馈意见吗？

如果答案是"是"：如果你向他人询问对你工作的诚恳评价，那就做好心理准备。你会听到大量的批评，不过如果你够幸运的话，也会有赞扬。谨记你不需要同意他人的意见或听从他人的建议。就是以开放的心态，实践你觉得对你有用的看法。例如，纽约前市长埃德·科赫在任时，常常会问纽约市民，"我做得如何？"他听取的那些表扬和批评让他从1978年到1990年持续任职。

如果答案是"否"：有些人坚持要对他人作评价，因为他们认为他们有义务发表"百分百真实"的看法。虽然偶尔他们的评论很有见地，但更多时候他们尖刻的话语使人丧气，极具破坏力。例如，我认识一个人，有个"诚实的朋友"曾对他说："你不是做艺术家的料，就别费劲努力了。"不幸的是，这位朋友把这段评论听进了心里。纵然满腹才华和想法，他放弃了继续追寻从事美术行业的梦想。他人不请自来的看法致使你放弃自己的梦想。

那个批评者真心希望你成功吗？

如果答案是"是"：父母、家庭成员、朋友、老师和同事也许会以提出批评的方式希望你成功。认真倾听他们的建议，然后将你认为有助于消除横亘在你和你的目标之间的障碍之建议付诸实施。举个例子，资深钢琴大师施纳贝尔曾给初露头角的青年钢琴家弗拉基米尔·霍罗威茨这样的建议，"如果钢琴曲很难弹奏，就做个鬼脸吧。"甚至到 81 岁高龄，当弗拉基米尔·霍罗威茨录制《录音室录音集——纽约 1985》时，他仍然会做鬼脸。只不过，在录音过程中，大部分鬼脸都是在逗笑。

如果答案是"否"：那些放弃自己的梦想或是打从一开始就从无梦想的人们，常常会对别人的努力评头论足。他们的负面评论更多揭露的是他们不安的内心，而非你做错了什么。不要让他们的批评伤害你的感情或阻止你追寻自己的目标。举例来说，起初，亨利·方达的父亲不支持他的儿子当演员的决定。不过，在观看了亨利的处女秀后，他的父亲不得不承认，他表现完美。

第2步：

衡量批评的价值

有些人知道自己在说什么，但有些人只是喜欢听到自己的声音。你如何知道一个人的批评是有价值的还是不靠谱的呢？以下提问能帮你解答这个重要问题。

这一建议适用于你的情况吗？

对别人正确的建议于你的情况而言可能是错误的。举例来说，1963 年，玫琳凯·艾施的丈夫在将他们夫妻俩一生的积蓄投进新公司后仅仅一个月就去世了。她的律师和顾问都建议她卖掉自己投资的公司，离开化妆品行业。对别人来说，这一建议很可能是正确的，但玫琳凯决定不放弃经营自己公司的梦想。结果，她建立了世界上最大的化妆品公司之一。

对于听从建议，永远相信你自己的直觉。只有你知道什么与你的情况是最适合的。如果一个人的意见或批评看起来对你有助益，那么考虑接受那些让你与目标更进一步的建议。

外部环境有变化了吗？

在评估一个批评时，永远要考虑外部环境诸如市场供给、需求和时机。换句话说，去年起作用的好建议，现在可能起反作用。就说一个父亲批评儿子不去法学院而打算去厨艺学校。"搞什么名堂，做什么不好，靠卖汉堡包谋生！想想你在大律所能挣多少钱哟！"他说，"你一出法学院他们就会抢着要你。"

然而，这位父亲没有意识到，当他给孩子这个建议时，法律工作的外部环境已经变了。1970 年代到 1980 年代期间，对大学毕业生来说，学法律非常流行，也很赚钱。然而，到了1990 年代，很多律所停止招聘新人，市场上，待业且有经验的律师多如牛毛。市场对新律师的需求如此之低，很多法学院毕业生——甚至毕业于常春藤大学——要花接近一年时间找到第一份工作。相反，进入新世纪，招聘者对餐饮、酒店和服务业的高技术人才需求不断增长起来。

如果一个人的批评或建议考虑了外部环境的波动，那么仔细倾听并考虑接受他部分的建议。然后利用这些建议决定如何最好地实现自己的目标。

这个批评有何依据？

在我搬去纽约以前，有人责骂我怎么会想搬去"如此糟糕的地方"。她告诉我纽约"肮脏、充斥着犯罪，到处都是无理的人"。在了解到她从未踏足过这座城时，我很好奇，她是缘何对"大苹果（纽约）"产生这样的负面看法的。我问她："你若没去过那里，你又是怎么知道的呢?"她回答说："这个嘛，我有认识的人在那，他们都这么说!"她的缺乏个人经验削弱了其观点的可信度。所以，我没有采信她的意见，也没让其影响我搬去纽约的决定。

这个批评者有生活经历和事实来支撑其批评意见吗？抑或，不过是道听途说或者个人的观点？要搞清楚这点，你可以提问：

- · "你为什么会这样想呢?"
- · "这方面你可有过什么经验?"
- · "你的观点依据什么而来?"

145

如果批评者能支持她的批评或意见，那么就仔细倾听并考虑她所说的话，然后利用这一批评帮助自己实现目标。

批评者和你有相似的价值观吗？

和很多情况类似，在这种情况下，观点不一致是由于不同的背景、价值观或标准造成的。举个例子，说到进餐，有人更喜欢供食分量充足的餐厅。如果看到盘子里盛满了食物，他们就会乐呵呵的。另一些人更喜欢精致的分量，喜欢细细品尝不同的美味。他们的不同在于，一群人在乎食物的分量，而另一群人在乎质量。两个群体都会夸自己进餐的地方很棒，而批评对方选择的餐厅。

一个朋友告诉我，他在结识一个音乐圈的人时遇到过这样的问题。我的朋友是一个才华横溢的歌手和吉他手，彼时他正想录制一张美国儿童民谣专辑。一个唱片主管听了他的几首歌后，奚落了我朋友的音乐品味，说他很老土。事实上，后来这个主管说："我从没喜欢过任何民谣。你应该唱些现代歌曲。"鉴于这个唱片主管和我朋友的音乐品味大相径庭，前者的批评和建议不必当回事儿。

不过如果你和其他人有相似的价值观，你应该仔细倾听并考虑其意见和建议。利用这些批评意见帮助自己克服实现中期和长期目标之路上的障碍。

这个批评太笼统了吗？

概括性的批评，譬如，"这个真糟糕"或是"太蠢了"，或是"我不喜欢这个"，很难让人看清问题是什么，反倒是对事实的考察更有帮助。例如，当你的老板说，"这个不行。做到

它行!"却不给你具体的反馈时,你可以询问:

"您具体说的什么意思呢?"

"您可以给我个具体的例子吗?"

如果这个批评很具体且有见地,要仔细倾听和思考。然后利用这个批评意见帮助你取得达成目标所需的结果。

助你从批评中获益之策略

> 我爱批评,只要它是无条件的赞扬。
>
> ——英国演员诺埃尔·科沃德
>
> (1899—1973)

批评是一把锋利的小刀。有人能合理运用,用它来切分、削皮,或修剪、刨光木块,恰如其分。反之,有人不能正确使用,造成伤害。执行以下 5 个策略,你能以不伤自尊和积极性的方式正确处理批评。

引导出建设性意见的五个策略:

策略 1:听取建设性批评

策略 2:引导说明和示例

策略 3:引导附加的批评

策略 4:寻求意见和建议

策略 5：告诉人们你重视他们的评论

策略 1：
听取建设性批评

如果你知道如何听取建设性批评，它就能帮助你实现你的目标。当某人反对你的行动时，你免不了会生气或争辩，为自己的行动或决定解释或者辩护。通常，这种条件反射式的反应会降低你的接受度，阻碍你与其他人之间开放的交流。因此，你可能会错失从他独特观点里受益的机会。若你听取如下有用观点，便可以利用批评促进自己进步：

- ·1· 你从没考虑到的想法。
- ·2· 你所忽略的问题或细节。
- ·3· 你可以改正的错误。
- ·4· 你所需要但还未能发现的答案。
- ·5· 可替换的观点、解决办法或解决问题的策略。
- ·6· 改进你做事情的具体方式。

策略 2：
引导说明和示例

挑剔之人如果能清楚说明你做错的是什么或者你可以如何提高，那么他们就能帮助实现目标。不幸的是，大多数批评，尤其是工作场合上的，都太过于笼统而没啥用。举个例子，一个不耐烦的主管责备一个工人，"这绝对不行呐，"或说"需要我跟你一个一个解释清楚吗？"诸如此类模糊的批评没有为任何人提供能用得上的、把工作做好的信息。提出以下问题，你便可以引导挑剔之人给出更多具体详细的反馈：

· 1 · "我究竟做错了什么？"

· 2 · "你能举例说明什么对你来说不管用吗？"

· 3 · "这个提议的哪个部分不合适呢？"

· 4 · "你具体不喜欢什么？"

· 5 · "因为什么特别原因你不喜欢这个呢？"

· 6 · "我真的很想把这件事做得更好，关于我如何能改进这件事，你说得越详细，越能帮到我哦。"

策略3：
引导附加的批评

向别人寻求更多的批评听起来很神经。然而，通过发掘别人不愿提及的潜藏的困难或问题，能帮你更快实现目标。举个例子，一个艺术指导批评了一个有工作热情的助理设计师的广告版面。这位助理设计师以为只有一个问题，根据一个批评修改了版面后，送给艺术导演。接着，艺术导演又批评了她选的字体。她感到惊异而沮丧，更改了字体交还给指导，后者又看到了别的不满意的地方。这种情况一直持续，直到后来这位艺术指导把这个项目转派给另一个设计师去做了。

如果这个助理设计师能向这位艺术指导寻求更多的批评，

她可能会发觉指导其他的改进意见，这样会节省双方的时间、金钱，不至于都很失望。通过询问更多的批评，你能加速朝着你的中期和长期目标前进。运用以下例子寻求更多批评：

· 1 · "还有什么是你不喜欢的呢？"

· 2 · "你想用其他的什么方式来做改变呢？"

· 3 · "你还有其他什么想让我修改的吗？"

· 4 · "你还有其他方面的保留意见吗？"

· 5 · "在我继续工作之前，你还有什么想要讨论的吗？"

策略4：
寻求意见和建议

为何不利用他人的意见和经验帮助你实现目标呢？你难免会听到斥责唠叨，但这不算什么，因为你能从中选择适合你自己和你的情况的意见。当你需要其他解决问题方案来处理问题时，这个策略特别高效。要想引导出具体建议，就要问如下具体问题：

· 1 · "你是怎样处理这种情况的呢？"

· 2 · "你会做什么来修正这个问题呢？"

· 3 · "你会建议我下一步做什么呢？"

· 4 · "若你处在我的位置，你会做什么呢？"

策略 5：
告诉人们你重视他们的评论

当某人给你建设性批评时，告诉她你很感谢她的良言。让别人知道你欢迎有用的评论和建议，那么他们就更有可能在未来帮助你。接受现实：我们中的大多数都能将所能获得的帮助为我所用！以下的方式能表达你重视他人的谏言：

·1· "真的很感谢你花费宝贵时间查看并评价我的工作。"

·2· "烦请告知你所想到的、任何能改进我工作的事情。"

·3· "您能再次给我一些反馈吗？"

·4· "你的建议帮助我达成了我计划要做的事情。"

成功人士乐于听取并利用批评

> 擅长采纳意见的人往往比给予意见的人更胜一筹。
> ——德国诗人卡尔·路德维希·冯·尼贝尔
> （1744—1834）

在听到一条批评后，你得做个决定：可以接受或反对，还可以多花点时间思考下批评者的观点。最后，由你来决定如何利用这条批评。如果你在仔细思考批评，这表明你是个目标导向型的人，笃定要成功。成功人士知道如何听取和利用批评来达成目标。他们也知晓，对任何想要实现梦想的人来说，向他人学习的能力是最伟大的并唾手可得的资源。

小练习取得大成果

练习十

化批评为进步

解决问题的策略：

明确可能的解决方案

这一策略帮你利用建设性批评找到解决方案。

问题是什么？如果你没有寻找解决方案的企图，即便是建设性批评都能消解你达成梦想的热情和积极性。通过提议解决特定困难或问题之方式的可能选择，你能利用批评来克服你和你的梦想之间的重重障碍。

该做什么：首先确定一个曾遇过麻烦的中期目标。然后列出两条曾阻碍你实现这一目标的建设性批评。最后，为可能帮你实现目标的每个批评列出至少两条可行的解决方案。

中期目标:

建设性 批评 1	

可行性 解决方案	

建设性 批评 2	

可行性 解决方案	

后续行动

现在你知道如何利用批评帮助自己解决一个艰难的中期目标，请参考第五章和第六章末尾的练习。运用这一策略帮你完成难以应付的中期目标或步骤。看看你能怎么修改这些解决方案以处理其他批评。如果你找到处理建设性批评的解决方案，它们会帮助你实现目标。

小事情清单

忠言虽逆耳，但能帮你实现目标。这里有一些额外的小贴士帮你利用建设性批评取得你所想要的。

√ 寻找机会引导你所重视的人给予你建设性批评。

√ 与你认为能给你建设性批评的人讨论你的想法、障碍和解决方案。

√ 采纳建设性批评，并立即用其来克服障碍，加速你朝目标前进。

√ 尝试理解建设性评价背后的原因。

√ 如果不断地从不同人那里听到相同的批评，做个特殊的记录。

√ 如果某人未经允许给你提出建设性批评，不要觉得被冒犯了——将它好好利用起来就好。

下一步是什么？

既然你了解如何倾听批评并使其派上用场，就是准备好了闯关第 11 章了。你的下一步是处理……额，嗯，我们能明天再说这事儿吗？

11

21 种快速重启法　远离拖延症

> 我现在不要想它……我明天回塔拉再去想吧。那时我就经受得住一切了……毕竟，明天又是另外的一天呢。
>
> ——美国作家玛格丽特·米歇尔
>
> （1900—1949）

你是否像郝思嘉和其他人那样把事情留给明天呢？你会因为一堆不重要而低优先级的任务分心，忽略掉主要目标吗？你会常常等待完美时机来做事，然后又错失了机会吗？你会逃避处理难题，只因希望它们会自行消失吗？你会忽略次要问题，直到它们成为积重难返的窘境，要你不得不迅速做出反应吗？如果这听起来像是你，那么你并不孤单，有上千万的人们像你一样称呼自己为拖延症患者。好消息是，带着些许自律，运用快速重启法，你就能摆脱这种不好的习惯，实现你的梦想。

当延迟行动成为一种习惯
那么是时候行动了

> 习惯的枷锁开始时总是微弱得不易觉察，最后却强大得无法打破。
>
> ——英国诗人塞缪尔·约翰逊
>
> （1709—1784）

马克·吐温知道，当他很有梗地说，"后天也能做的事千万别推迟到明天做"，那些拖延症患者会十分感谢他的调侃。如果频繁地推迟事情会导致大问题并错失很多机会，那么是时候做些改变了。人们拖延的原因千奇百怪，但恐惧是常见的主要原因。常见的恐惧有：

- 无法实现目标；
- 无法满足他人的期望；
- 被批评指责；
- 被拒绝；
- 做困难的改变；
- 犯错误；
- 作出承诺；
- 冒风险。

如果你能克服以上这些恐惧，你就能破除拖延症。你还需要检视自己日常的行为，看看自己是高能量的还是低能量的拖延症患者。一旦给自己确诊是哪种拖延症，你就能采取措施破除这一桎梏，重回工作。

高能量拖延症患者

高能量拖延症患者像个皮球一样从一个活动蹦弹到另一个，但极少将他们的注意力集中在那些重要的任务上。他们的狂热行动力使其忙个不停，但他们注意力时间短暂，做事没有重点，在他们朝着目标前进时阻碍了他们取得成就。

高能量拖延患者有三种基本型：

整理狂　　　自由散漫的人　　　浅尝辄止的人

整理狂
花过多时间来做整理

> 爱整理的人疯狂整理四周的行为会让我胆颤心惊；我所知的整洁之地是博物馆，那里都是死物。
>
> ——爱尔兰小说家圣约翰·欧文
> (1883—1971)

整理狂会把大量的时间和精力花费在清洁和整理上，而非工作上。如果东西没有放对位置他们就会感到不适，说他们在采取行动前，需要理顺周围的东西。整理狂声称一旦把所有事情整理妥当，就能开展项目了。然而他们常常没能开始，因为他们不想弄得乱糟糟的。整理狂说自己无法东做做西做做，他们需要完全沉浸在工作中。这种全有或全无的方法一无所获，是因为这些整理狂总能在开始工作前，发现其他需要清洁或整理的事情。

我认识一个画家，她也是个典型的爱整洁之人。她会花半个上午削彩色铅笔、清洗画笔、重新整理桌上的颜料管，之后才开始在画布上涂上第一笔颜料。当她准备好画画时，午饭时间快到了。她不想弄得一团糟又要去清理一遍。那正好，把画画推迟到午饭后开始才合适。午饭后，她打了几个电话，办了些杂事，清洁了一些屉子和柜子。快到三点了，她才意识到现在开始画画已经太迟了，而且她也不想弄得一团乱。于是，什么都没画，过了一天。我的朋友整理东西的冲动阻碍了她去实现在当地画廊卖画的长期目标。

自由散漫的人
关注低优先级的活动

先生们，你们马上要跟哈佛队踢球了。你们的人生中没有什么比这个更重要的啦。

——耶鲁大学橄榄球教练泰德·琼斯
(1887—1957)

自由散漫的人通常把自己主要的时间和精力放在低优先级的活动上。他们能把事情做完，但他们所完成的对实现他们的目标没多大帮助。比如，自由散漫的人拖延时，他们会浇花、烤个蛋糕、遛狗、和邻居聊天、打电话或是做任何事情——除了做某个目标明确的活动外。虽然自由散漫的人精力充沛，但他们的注意力却在一个又一个任务间转移。他们频繁地开始又结束各种活动，很少能集中足够长的注意力完成哪怕一般难度的中期目标。

浅尝辄止的人
对长期目标缺少承担

> 我无法想象不能全身心投入生活的人能够取得成功。
>
> ——美国记者沃尔特·克朗凯特
>
> （1916 年出生）

　　浅尝辄止的人是无法做到专心承担长期目标的拖延症患者。他们涉足广泛的活动，但是很少能完成他们所从事的事，或在任何领域做到精通或是达到专业水平。他们会把一件事当做儿戏来做，直到觉得腻烦。接着他们会放弃努力，开展另一个活动，一个完全不同路线的活动。

　　举例来说，在商业领域，浅尝辄止的人会不由自主地从一种创业投入到另一种创业中。他们爆发的活力和热情会一直持续，直到他们遇上某个障碍或失去兴趣。跟着，这就好似被人捅了个洞的气球。浅尝辄止者的精力和自信心泄了气，他的进步随之放缓，他的拖延症更重，最终放弃了。如果另一个能让浅尝辄止者投入的新机会到来，他会重复这一高能量活动模式，以目标幻灭和放弃目标告终。尽管浅尝辄止者常常在短期内工作非常努力，但他们通常无法完成足够多的中期目标来让梦想接近现实。

我认识一个学音乐的小伙伴也是个浅尝辄止的人。当我初认识他时，他因为想要成为歌剧演唱者正在上声乐课。过了差不多一年，他决定学一种乐器帮他提升嗓音，于是他买了一把昂贵的吉他。他上了几节课，努力练习了三个月便放弃了。接着，他变得痴迷于钢琴，于是他投入了好几千美元购买了专业的电子琴。没过多久，他又放弃了练习。如同所有浅尝辄止的人，他没能集中足够的努力投身于某一个目标，止步于对基础部分的掌握。

针对高能量拖延症患者之计策
计策一：
制作日程表并坚持完成

如果你是整理狂，或自由散漫的人，或浅尝辄止的人，凭着设定时间限制完成特定的活动，你就能大有作为。我们从限定时间完成组织和清洁工作开始。然后，制作日程表，着手以结束特定的目标导向的活动。以前仅有事情的排序，而马上你能看到事情的进展。举个例子，一个爱整洁的画家一个上午的日程表可能如下所示：

上午作画日程表

总作画时间：3 小时 15 分钟。

总整理和打扫时间：30 分钟。

总休息时间：15 分钟。

上午 8：30—8：45：整理美术用品，查看日程表。

上午 8：45—10：30：开始作画。

上午 10：30—10：45：休息。

上午 10：45—下午 12：15：继续作画。

下午 12：15—12：30：清理，准备吃午饭。

计策二：
制作日程表并坚持完成

建立每天的日常工作计划，并给每天投入到某个目标的时间做记录，这是一种让高能量拖延症患者集中力量的有效方法。如果你是个整理狂，这个设定每日工作日志的任务会很轻松，因为它跟你有秩序的处事方法相符合。如果你是个爱整洁之人，或自由散漫的人，或浅尝辄止的人，你的挑战在于，每天能将你的工作足够长时间地聚焦在正确的任务上，以便你能填满表格。运用一个笔记本或者日历记录你的总工作时间，包括小时甚至分钟（这几分钟能积沙成塔），你还能加上每天活动和完成事情的时间。在每天和每周结束的时候加总你的时间，就好像你在打上下班卡一样强迫自己建立日常工作计划。不仅如此，看到每天的进步会带给你所需的动力继续朝着目标前进。

计策三：
与自己达成妥协　重新定义"秩序"

自由散漫的人，浅尝辄止的人，特别是整理狂都把太多注意力放在建立和维持秩序上了，而没有足够的时间去关注特定的中期和长期目标。为了打破这一拖延症模式，须重新定义可接受的清洁程度和秩序等级。例如，如果你的目标是整修你家的后门廊，你不必首先去清扫地下室。不过，你要在开始这项工作前整理好派得上用场的工具和材料。请谨记，当你重新定义你的秩序感时，你仅仅是将自己的注意力调整到了跟你特定的任务和目标关系更密切的活动上了。

计策四：
与自己达成妥协重新定义"秩序"

自由散漫的人、浅尝辄止的人和整理狂都害怕犯错。讽刺的是，数不清的重大发现和成功都是所谓"失误"所造成的结果。比如，在1839年的一个实验中，发明家查尔斯·固特异偶然将硫磺和橡胶的混合物倒在了热炉子上。这种难闻而且冒烟的东西诞生出了硫化橡胶和上百亿美元的产业。网格状球顶的发明人巴克明斯特·福勒相信，他未曾从自己的成功中学到什么，而只是从失败中才有所得。

如果你采信乔治·萧伯纳的哲学思想："一个犯很多错误的一生比什么都没有做的一生更光荣、更有用！"那么你就能克服犯错的恐惧。

计策五：
专注于帮你达成中期目标的首要活动

如果你是自由散漫的人，或浅尝辄止的人，或整理狂，你可能很难把注意力放在与你的特定中期和长期目标直接相关的首要任务上。要解决这个问题，重新回顾一下你在第一章、第五章和第六章末尾所定义的长期目标、中期目标和小步骤流程图。若要实现你的梦想，这些优先事项是你必须集中关注和完成的。要抑制住把注意力转移到低优先级任务的冲动。谨记成功的秘诀在于锁定目标于重要的细节上并完成它们。

计策六：
选择一个简单的首要任务然后完成它

从你的流程表里选择一个你预计无需超过一小时完成的首要步骤或任务，然后开始推进这个任务。别停下来、离开你的的工作空间甚或看窗外，直到一小时结束了或是你完成了这个任务。你可能想用一个计时器帮助你计时。如果你没有在一小时内完成这个任务，没有关系。休息 5 分钟，伸伸腿弯弯腰，再设定一小时，回到工作，完成任务。

计策七：
将你所预估的完成任务的时间加倍

曾经，当我没有很快地做完事情时我会变得不耐烦。后来我意识到，大多数事情——其实我指的是所有事——都需要花上我所预估的两倍的时间来完成。将你所预估的完成任务的时间加倍，你会从精神上做好准备，集中于工作，直至你完成或时间结束。如果你提早完成了这个任务，那么你可以休息一下，继续下一个任务。如有必要，请确保给自己更多的时间完成这一步。

计策八：
消除外在和内在干扰因素

自由散漫的人、浅尝辄止的人和整理狂特别容易受到干扰。好消息是你能轻松地消除诸如电话或电视的外在干扰。消除内在干扰要困难得多，譬如对家庭成员的担心或应对反复出现的健康问题。应对工作时出现的内部干扰的一个成功方法是，想象着把这个问题放进一个盒子里然后封存起来。你还可以进一步想象把这个关着你的问题的盒子放进衣柜里，把柜门关起来。

这种视觉想象法帮你暂时消除内在干扰，允许你集中注意力并完成指引你走向成功的重要步骤。

计策九：
进行短暂、限时的休息

一旦你开始做你的项目，不要从头到尾工作数小时。你需要中途休息几次，但只休息特定长度的时间。计划每15分钟的短休息和更长时间的午餐或晚餐休息——并且严格遵守你的日程表。你可以设定一个闹钟或使用一个计时器提醒自己什么时候该回到工作中。尽管有些拖延症患者会对这种严格控时的方法畏缩不前，但当整理狂、自由散漫的人、浅尝辄止的人在一个井井有条的环境中工作时，通常更有所作为。

计策十：
一鼓作气完成短期项目

如果你是一个自由散漫的人，或浅尝辄止的人，或整理狂，若你能一鼓作气决意完成一个短期项目，你就能开始戒除拖延的毛病了。这一策略背后的理念是一旦开始就要完成，并且不专注于或过度担心结果。一旦你看到自己完成了一个短期项目，你会更有信心完成更长、更多的极具挑战性的任务。

计策十一：
明确"完成"的构成

自由散漫的人、浅尝辄止的人或整理狂往往还未明确一个特定的目标或结果就开始做项目。因此，当他们感到疲惫、无聊或是沮丧时，他们开始拖延并最终放弃。要克服这一障碍，需明确定义你想要完成的是什么。明确了"完成"的构成之后，再开始工作，你会知晓何时可以继续另一个任务或新的目标。

计策十二：
先完成一个项目再着手新事情

养成好习惯，先完成一个任务或目标再开始下一个。这一简单的计策帮助你集中注意力、培养自律性。哪怕是最小的任务或步骤都可以运用这一计策。很快你会发现你完成了更多的事情，而且不再返工，或把事情弄成一团乱麻。

计策十三：
从你的中期目标列表中选择你的下一个活动

大多数高能量拖延症患者会做出冲动的决定而非专注于既定的一系列目标。因而，你需要在开始下一步前先审慎思考决定要做的事。回顾你的长期目标，查看你在之前几章中确定的中期目标公告牌和小步骤流程图。从你的目标和优先级列表中做出选择，这会避免你转移目标，让你朝着自己的长期目标更进一步。

计策十四：
在特定时间内投入一个目标

在特定时间内投入专注于一个目标能帮助你克服半途而废或开展新事情的冲动。在激情不再或困难的时段内坚持到底，你便可以继续投入精力和热情完成你的目标。

如果你是一个自由散漫的人，浅尝辄止的人或整理狂，尝试专心地为特定的目标和结果而努力，那么你所完成的会比你能想到的多很多。

低能量拖延症患者

低能量拖延症患者花费了太长的时间进行准备，进展太慢，而且太谨小慎微，以致于他们常常还没有完成第一个中期目标就放弃了自己的梦想。

低能量拖延症患者有两种主要类型：

思想者　　　　　　　幻想者

思想者对于犯错过于敏感

> 如果你想创造什么，你必须干点什么。
>
> ——德国诗人约翰·沃尔夫冈·冯·歌德
>
> （1749—1832）

思想者是低能量的拖延症患者，他们耗费太多时间用来冥想、思考和反思，而不去实际行动，也不做富有成效之事。尽管思想者可能很有创造力，就像大多数拖延症患者，他们会对他人的批评和意见过度敏感。一旦灵感不再降临，负面的自我对话常常会说服思想者认为这个活动或任务或目标可能毫无意义。

幻想者逃避冒险

> 安全近乎是迷信……避免长期的危险未必比一夜爆发的危险更安全。生活要么是场华丽的冒险，要么什么都不是。
>
> ——海伦·凯勒（1880—1968）
>
> 美国作家，关于视力障碍和听力障碍的演讲者

幻想者是这样一种低能量拖延症患者，他们会有宏图抱负，但通常没能把所需要的哪怕最少的能量投入完成最基本的目标。

他们典型的特点是害怕错误、批评或者失败，甚至会因不怎么难的项目而感到压力山大。幻想者常常因为自己没进步抱怨他们所不能掌控的其他人或者情况。甚至连难度较小的目标，大多数幻想者也不敢冒险尝试。

针对低能量拖延症患者之计策
计策十五：
从与一个中期目标相关的短小而有趣的活动开始

如果你是一个思想者或是个幻想者，你需要采取行动——任何行动都行。写一个段子、修理书架、烤个蛋糕或学弹一首吉他曲。选一个跟你的中期目标相关的有趣的活动，玩得开心就好。不用担心你是否会弄得一团糟或是结果不如人意。重点是打破懒惰的行为模式。举个例子，小说家用来克服写作瓶颈的一种方法是各种写——写诗、五行打油诗、情书，不拘一格——只要在纸上形成文字就好。最后，小说家打破了想象的纠结，重新回到原来的写作项目上来。

计策十六：
不论你有何感受，
都以 30 分钟为时间组开始不被打扰的工作

作为一个思想者或幻想者，在你的内心呼喊"我现在不想做这个事"之前，你能克服拖延症。即使你没有任何灵感，也工作特定的一段时间，而不是直接放弃这个任务。通常，只要等一等，活动一段时间，你就能打破僵局，你的创造的源泉会开始汩汩流出。举个例子，专注在一个要花费半小时完成的简单任务上，当你完成时，问问自己，我下一步做什么呢？

思想者和幻想者需要建立一个关注于小成功的日常工作计划。当你完成一个约 30 分钟的简单任务时，你的积极性和自信心会随之提高。如果你挑选了一个任务，在整个时间组期间要全神贯注地投入。看看你能如何做好一个工作，但不强求完美。如果完成这个任务花了不到半个小时，检查一下你所完成的事情，然后看看你是否能够做出改进。这一计策的初衷是完成任务，在规定的时间段内把工作做到最好。

计策十七：
事后做定断

如果你是一个思想者或者幻想者，在你埋头做一个特定任务时，对你的努力评头论足是很要命的做法。太多评头论足会抑制你的创造力，消解你的自信心，让你灰心丧气以致停下所有活动。不要落入这个老套的拖延症陷阱。避免掉入这个坑的一个方式是停止对这个任务或活动的评判，直到最后面再来做。举个例子，很多成功的艺术家、作家、音乐家和其他"创造型工作者"发现，在完成某个任务后，等上几天或几周再客观地做出评估，非常重要。你也可以如法炮制对自己说："我要开始了，看看我能完成什么，坚持到事后再做定断。"

计策十八：
放更多关注在过程上而不是结果上

大多数拖延症患者对于批评和失败过度敏感。但你为你的成果少点担忧，多关注于过程本身时，你就会开始看到成果。当然了，有些努力能收获更多令人满意的结果，但对此如大部分成功人士很快指出的那样，成功和失败一同引导着目标的完成。一旦你接受可以犯错这件事，你将会从你所有的努力中学习如何有所收获，而后达成你的目标。记住这样一句谚语："没有犯过错的人，什么都做不成。"你就能让自己对错误不那么敏感了。

计策十九：
着眼大事，着手小事

如果你是一个思想者或者幻想者，那么你很可能做着白日梦，这是积极的品质。正因为有像托马斯·爱迪生、阿尔伯特·爱因斯坦、海伦凯·勒和玛丽·麦克劳德、白求恩这样的梦想家，我们的世界才变得更好。这些成功人士知道如何让梦想照进现实。他们了解对自己的成功进行想象的价值，然后着手于指引自己达成特定目标的细小事情。如果你赞同开始并完成与你的大梦想相关的小任务，那就是踏入了克服拖延症的第一步。为了让自己专注于大事情，你可以想象自己做着指向中期目标的各种小任务。然后想象自己享受达成长期目标的胜利果实。

计策二十：
建立每日工作的规律作息和固定地点

波兰作曲家和钢琴家伊格纳齐·杨·帕德雷夫斯基因每天长时间练习弹琴而闻名。在一场精彩绝伦的音乐会后，维多利亚女王称赞他是一个天才。帕德雷夫斯基想让女王知道他的精湛琴艺着实是其坚持不懈练习的结果，他回应说："也许吧，女王陛下，但在这之前我可是个钢琴苦力。"

如果你能找到连续的时间和固定地点将自己投入一系列的小任务中，那么你也会看到成果。只用把每个任务分成小而可控的几个部分，再连续实施每一个部分。你会欣喜地发觉，当你把几个小任务连在一起时，它们会帮助你实现中期和长期目标。打个比方，假如你想要按照字母顺序整理你的音乐收藏中所有的唱片、磁带和 CD。首先，花个 20 或 30 分钟按照表演者姓氏的首字母从 A 到 H 的顺序整理唱片、磁带和 CD。第二天，按照表演者姓氏的首字母从 I 到 R 的顺序整理。以此类推，继续整理，直到你按字母顺序整理完所有的收藏。

计策二十一：
完成不受干扰的工作时间组后再自我奖励

低能量拖延症患者需要首先专注于过程，而后关注于结果。一旦你克服你的思维定式，你能缓慢但稳步地提高你的效率。在不受干扰地完成一段时间工作的尾声时，给自己一个简单的奖励。或许是散个步、吃点零食或者弹 10 分钟吉他。不要选择对你进行下一个任务的能力或愿望有干扰的任何奖励。只有当你完成一个时间组或一个任务时才兑现奖励。随着你完成每一个新的任务，继续执行这个流程。

如果你是个思想者或幻想者，冒些小险，但不要担心结果，你会看到你也能将白日梦变成现实。

若采取行动你便能克服拖延症

> 若待炉火纯青而后行，则将一事无成。
>
> ——英国神学家约翰·亨利·纽曼
>
> （1801—1890）

不论你是高能量或是低能量拖延症患者，只要戒除万事拖延的毛病，你就能取得成功。改变旧的行为模式实非易事，而且不太可能一夜之间转变，但只要集中力量，严格自律，你就能实现卓越的目标。那么，假若你是个自由散漫的人、浅尝辄止的人、整理狂、思想者或幻想者，你现在知道该怎么做了吧。运用这 21条快速启动法，你会从"我明天再想吧"变成"没有哪个时刻比此刻更好了"。

小练习取得大成果

练习十一

建立有效率的日常工作

解决问题的策略：

制作一个每日工作日程表

这一策略帮你开始并将努力贯穿始终，如此，你能完成你的中期和长期目标。

问题是什么？人人都会时不时地把事情延后处理，但是如果你决意要得到你想要的，那么你需要坚持不懈地朝着你的目标努力。制作一个工作日程表，说明投入的时间和回报的结果之间的关系。

该做什么：这一练习的目的是要培养你的自律性和改进每天的工作习惯。如果你提前一天确定好你的目标和具体任务，你会愿意听"钟声"办事。完成以下工作日程表，坚持一周（可根据你的现有日程调整时间表）。记录你每周的总工作时间，那么你会得到更多意想不到的收获。

周一日程表

今天上午我的目标是：

_____

_____

8:30 A.M.—9:45 A.M.: _____

9:45 A.M.—11:45 A.M.: _____

11:45 A.M.—12:45 P.M.: _____

12:45 P.M.—15:45 P.M.: _____

15:45 P.M.—17:45 P.M.: _____

我今天的成绩：

_____

_____

_____

_____

后续行动

建立坚持不懈的工作习惯能帮助你完成长期的目标。下一步你要做的是下定决心坚持你的日程表。如果你真正地想要戒除拖延的毛病，请阅读并签订下面的个人合约。

戒除拖延习惯的合约

我的长期目标是：

_____

我同意：

1. 制作任务日程表，尽我所能坚持到底。

2. 对我投入于实现目标的时间和活动持续做好记录。

3. 允许我自己有机会犯错误。

4. 启动目标导向型的任务，而非低优先级的活动。

5. 完成一个任务后，开始新的事情。

6. 即使我感到无聊了、灰心了或者心烦意乱了，还要坚持追求我的目标。

7. 保留对我努力之结果的评判，之后再做定论。

8. 持之以恒地完成我的梦想而不轻言放弃。

签名：_____

日期：_____

小事情清单

克服拖延症需要坚持、自律和"即刻行动"的态度。以下小建议会帮助你踏上实现长期目标之路。

√ 谨记拖延症是你可以克服的一个习惯，30 分钟一次。

√ 列举所有未完成的任务或者项目，并基于帮你实现中期和长期目标的作用大小给它们排序。

√ 着手完成最接近尾声的项目，以及能帮助你实现中期和长期目标的项目。

√ 在完成你所开始的事情之前，抵制跳到另一个项目或任务的诱惑。

√ 制作所有任务的清单，每完成一个任务都核对并划掉它。

√ 在开始新的工作前，查看还有什么项目是你可以完成的。

√ 过一个月左右，回顾你清单上已完成和未完成的项目。然后给自己点个赞，给自己一个奖励——你正在戒除拖延的习惯。

下一步是什么？

现在你知道如何完成小事情而不会分心偏离轨道，你成功闯关到第 12 章。下一步是如何把工作做到漂亮而不是做到完美。

12

克服完美主义　完成事情

> 不要惧怕完美——你可永远达不到完美。
>
> ——西班牙画家萨尔瓦多·达利
>
> （1904—1989）

德国指挥家奥托·克伦佩勒以其敏锐的音乐感受力和严谨精准的指挥技术享誉世界。他是个不折不扣的完美主义者，即便是非常成功的演出，也很难令其满意，对于夸赞，他更是惜字如金。在一场异常成功的演出后，他露出了赞许的微笑，并热情地祝贺交响乐团，"好！"乐手们受到表扬，受宠若惊，大声喝彩，可克伦佩勒却回应道："但不够好。"

完美主义会阻碍你实现梦想

完美主义者一定会对他们自己和一起共事的同僚有最高的期待。因而，他们特殊的高标准和高期待会让他们走向成功。

然而，有时，完美主义会阻碍你实现目标和享受成功的快乐。你有没有多次在改进或重启一个任务，以致于永远无法完成你所启动的任务呢？你可曾设立了过高的标准，不论你的工作做得有多好，结果总是不太能让你满足呢？你有没有因为害怕犯错而裹足不前，无法进行项目的下一步呢？

克服完美主义的五个计策

如果完美主义阻碍你取得中期和长期目标，使用以下计策看你在保持高标准的同时，还能完成多少。

计策 1：为自己设定合理的预期；

计策 2：集中注意力首先完成你的最高优先级任务；

计策 3：限定完成每个任务的最长时间；

计策 4：关注小细节，兼顾"大图景"；

计策 5：知道何时说"我准备好进行下一步了"。

计策 1：
为自己设定合理的预期

这成为我的信条——尝试不可能是为了提升你的工作。

——美国女演员贝蒂·戴维斯

(1908—1989)

法国印象派大师保罗·塞尚是完美主义者的典范。他常常对自己和他人抱有不合理的期待。在给他的一个朋友也是艺术经纪人安布鲁瓦兹·沃拉尔画肖像画时，塞尚坚持让这个可怜人换了115个姿势。当别人问及肖像画的进展时，他回答："我对衬衫的前襟还不太满意呢。"

设定合理的预期并不意味着你必须牺牲你的高标准，但这要求你做出一些妥协。如果你是个完美主义者，放自己一马，避免落入说任何"不完美"都是不可接受的话的陷阱。即使没有达到完美，你仍然能成为一个成功者，为卓越而奋斗，并达成你的梦想。

要设定合理的目标，问问自己：

"如果不够完美，什么结果会让我快乐，帮我实现中期和长期目标呢？"

"何种程度的优异——如果达不到完美——是我需要做到以实现我的下一个中期目标呢？"

"更重要的是什么呢？让每个细节变完美——这是不可能的——抑或完成我的中期目标进一步使我能完成我的长期目标呢？"

计策 2:
集中注意力首先完成你的最高优先级任务

> 要先读所有最好的书,否则你可能完全不会再有机会去读了。
>
> ——美国散文家亨利·大卫·梭罗
>
> (1817—1862)

完美主义者需要集中注意力在他们最优先的事情上,否则他们会忽略最重要的事情。我认识一个广告经理,她坚持为一个客户的重要推广项目事无巨细地亲力亲为。她执着于把事情做到"完美",因而沉浸在项目里数不清的低优先级的琐事中。不幸的是,她没能按时完成项目预算计划(一项高优先级任务),没能让客户满意。因此,她没能得到客户的信任,这个推广项目也黄了。

完美主义者们容易陷入细琐杂事中,而不能及时地朝着他们的目标前进。避免落入此陷阱的一个方法是让他人代劳或忽略不那么重要的细节琐事,如此你便能集中注意力并完成你优先的任务了。要帮自己校准目标,专注地完成最重要的任务,问问你自己:

今天我必须要完成哪些重要的任务呢?

这些任务中,哪一个是我的重中之重呢?

这一个任务对我的中期或长期目标有什么影响吗？

你可以制作一个简单的表格帮自己集中注意力在最为优先的任务上。举个例子，比方说你的目标是将你的车库改造成一间工作室。以下是你如何通过排列优先级来达成目标的。你会有机会在本章末尾的练习中，制作自己的优先级事项列表。

最高优先级 任务	低优先级 任务
· 修整水泥地	· 清理旧的工具
· 修建工作台	· 磨锐工具
· 重新铺设电线	· 组织建筑材料
· 埋设照明设备	· 按字母顺序整理建造类的书籍
· 安装工具挂板	· 在挂板上画上工具图标
· 给建筑材料搭架子	· 给装各类钉子的罐子贴标签

通过推进最高优先级的任务，你会成功实现把车库变成工作室的目标。在你完成这些最高优先级的任务之后，再找时间着手那些低优先级任务。

计策3：
限定完成每个任务的最长时间

你是否有问题要处理？在你所处之位置，以你所有之资源，做你力所能及之事。

——第 26 届美国总统西奥多·罗斯福

（1858—1919）

一提到把事情做完，完美主义者会常常忽略时间限制。我认识的一个完美主义者，她下定决心要在一周内清洁并整理她公寓里的衣橱。要完成这个目标，她需要每天清理三个衣橱。直到星期天的晚上，她用了所有的时间，却只清理了一个衣柜，而且还做得不够"完美"。

设定一个限定时间，完成特定的中期目标或任务是完美主义者达成长期目标的一个方法。如果你是一个会花过多时间在各种任务上的完美主义者，这里有些要做跟不要做的注意事项，确保你朝着目标更进一步：

·1·要做一次试运行，看看你需要多长时间完成一个任务。

·不要专注于不相干的细琐小事，以完成总任务为代价。

·2·要坚持遵守你所设定的完成某个任务的时间。

· 不要一直重复做相同的任务直至做到"完美"。

·3·要在一定的时间内做你最擅长的事。

· 不要担心工作的每个细节做得不"完美"。

·4·要谨记工作不需要做到完美，但要完成。

计策4：
关注小细节，兼顾"大图景"

集中精力关注成效。
——摘自一首传统的非洲裔美国人民歌

脑中持续保持清晰的长期目标对于完美主义者来说一直是个挑战。以我的朋友弗莱德为例，他是个兢兢业业的创业者，曾想创建一个小公司制作编辑婚礼和生日礼的录像。作为公认的完美主义者，他会花费 15 个小时或更长时间，为每个客户编辑家庭录像，直到成为"完美的小型电视节目"。问题是，对于他所付出的时间、物料和专业技术，他每个任务只收取 75 美元。按照这一收益率，弗莱德每个小时的收入约 5 美元。这个例子告诉我们，完美主义会如何阻碍走向长期目标的进程——以弗莱德为例，公司无法盈利。

　　不论你的梦想是改变职业或是粉刷你的客厅，如果你只关注一些细琐杂事而没有兼顾到"大图景"，你就很有可能无法达成目标。要时刻牢记你的长期目标，问问自己：

　　我是否在中期和长期目标上取得了合意的进步？

　　我是否陷入了细琐杂事中无法自拔？

　　我正要完成的这些细琐杂事是否能引领我完成中期和长期目标呢？

计策 5:
知道何时说"我准备好进行下一步了"

> 为了追求更好的，我们常常破坏已经足够好的。
>
> ——英国诗人威廉·莎士比亚
>
> （1564—1616）

完美主义者很难说"完成了"。举个例子，你有没有完成一个项目，然后决定再添加点什么，结果毁掉了整个事呢？如果你是个完美主义者，你的极致高要求推动你尽你所能做到最好，那无可厚非。然而，如果你不知道何时说"够了够了"，你可能会减损你已完成的事情，最终无法实现目标。

完美主义者常常产生负面的自我对话，致使自己说不出"我完成了"这句话。如果你察觉自己是会产生负面的自我对话的完美主义者，那么就利用以下例子，把自己变成用正面自我对话的大成就者。这样，你就会保持你的高标准，并且成就你的目标。

完美主义者的负面自我对话

· "我就是不能做到完美呀！"

· "我就是拼了命也要把这件事做到完美！"

· "我从没做哪件事是没犯过至少一个小错的。"

· "还没做到完美呀！"

大成就者的正面自我对话

· "我完成了这个工作，并达到了我的高标准。"

· "我很自豪我完成了这个工作，就算做得不完美。"

· "为了实现目标，我已尽我所能了。"

· "我完成了这个工作，打算进行下一步了。"

勿让高不可攀的标准阻碍你的进步

即便你在正确的道路上，如果你坐着不动，也还是会被超越的。

——美国幽默大师威尔·罗杰

（1879—1935）

工作勤勤恳恳却未能及时朝你的目标前进是令人沮丧的。这是为什么每一个完美主义者都需要学习如何设定可达到的自我预期。最初，你可能觉得把更多精力放在最优先任务上比在不必要的细琐小事上困难得多。与此同时，根据你要完成最优任务所需时间而设定时间限制，会提高你的效率，推动你向前进。当你专注于"大图景"，你会把事情完成，保持你的高标准，并且知道何时进行你计划中的下一个步骤。这里给我们的重要信息是：实现梦想和目标尽在你的掌握中，只要你不让完美主义从中作梗。

练习十二

你的最优先级任务是什么？

解决问题的策略：

给任务排列优先级

这一策略帮助你专注于需要首先解决的最重要任务，从而克服完美主义。

问题是什么？当面对一个重大的工作时，一个完美主义者如何专注并完成最重要的任务呢？有个办法是给所有的任务按等级排列。然后专注于只完成那些被列为"最优先级"的任务，再着手处理那些不太重要的细琐小事。

该做什么：这一练习的目的是对任务进行分类并设定你的最优先级任务。首先写下你的长期目标。然后在空格处填入你需要首先关注的任务是什么。

我的长期目标是：

_____

_____

_____

_____

最优先级任务：

_____

_____

低优先级任务：

_____

_____

后续行动

一旦你确认了你的最优先级任务，就可以根据重要性给它们排序了。

我的最优先级任务排行榜：

你可以通过回顾第五章和第六章中你的中期目标和小步骤来做进一步的练习。重复这个练习中的第一部分，而且给所有步骤和任务排列优先级。然后，给你的最优先级任务排序，再一个接一个地去完成。谨记，要实现你的长期目标，这些任务不一定都要做到完美，只需要完成它们就好。

小事情清单

如果你让不切实际的期待挡在你和你的梦想之间，完美主义会是一道诅咒。运用以下这些小建议，你可以通过努力得到你想要的，并维持你的高标准。

√ 设定高而可得的标准，使得完美主义对你奏效。

√ 向托马斯·爱迪生这样的完美主义者学习。当一个朋友问他如何应对如此多次失败时他回答："我不是失败了成千上万次。我是成功地排除了成千上万次没有效果的材料和混合物。"

√ 在开始做某个任务前查看一下你的期望，确认它们都是合理的。

√ 采取边走边学的方法，这样你就能从错误中有所收获，在下一次做得更好。

√ 把注意力放在那些你所完成的积极的一面，而非你犯的错上。

√ 不要让完美主义成为你逃避冒险、失败或者犯错的借口。

　　∨ 要想成功，你不必每一步都做到完美。

　　∨ 谨记在你完成所有最优先级的任务后，你总能回头再把任何事情做得更好。

下一步是什么？

　　现在你知道如何控制你的完美主义了，你可以准备闯关第13章了。下一步是确定那些截止日期！

13

设定截止日期　按期完成

> 如果可以的话，我会站在繁忙的街角，手里拿着帽子，向人民乞讨他们浪费的所有时间。
>
> ——美国历史学家伯纳德·贝伦森
>
> （1865—1959）

玫琳凯·阿什在她的丈夫过世后，承担起运营新化妆品公司的全部责任，还要抚养3个孩子。玫琳凯知道要在规定时间内完成她的家庭和生意的事务，她必须每天争分夺秒，好好利用。每晚，在她哄孩子们入睡后，家里总算安静下来了，她便为第二天列出6个最重要的需要完成的任务。运用这种简单但有效的时间管理方法，她创建的玫琳凯化妆品公司取得了巨大成功。

按照自己规定的截止日期完成

你是否只有当自己有空余时间时才去完成你的中期和长期目标呢？你是否很少会在你未曾计划的时间里完成目标呢？如果你设定一个截止日期，是否是基于不切实际的想法呢？你会因为低估了要完成各项任务所需的时间长度而抢时间吗？当你进一步深度参与某个项目时，你是否会痛苦地发现自己无法按时完成呢？即使你有大把的时间，你是否还频频半途而废呢？浪费时间是否已成为坏习惯，让你一天到晚一事无成呢？对这些问题的答案，如果你回答是，那么你需要学习如何设定可控的截止日期，并更高效地利用你的时间。

设定自己规定的截止日期的三个步骤

根据经验，设定并赶上可控的截止日期。以下步骤将帮助你设定自己的截止日期，如此你就能实现你的中期和长期目标了。

步骤 1：明确你想要完成的事情。

步骤 2：预估完成每一步骤所需要的时长。

步骤 3：定下一个具体的日期，完成你的目标。

步骤 1:
明确你想要完成的事情

你必须了解你究竟想从你的职业生涯中得到什么。如果你想成为一个明星,你不会为其他的事情忧心。

——美国歌剧歌唱家玛丽莲·荷恩

(1934 年出生)

不论你的长期目标是成为一名女演员还是开一家餐厅,要想成功,你需要设定自己的截止日期,并明智地管理你的时间。在第五和第六章中,你学会了如何设定长期和中期目标,以及如何把它们拆分成小步骤,现在是时候定义你的详细任务了。

举个例子,当我教吉他课时,大部分学生会问我需要多长时间学会弹奏这种乐器。不过,在回答他们的问题前,我需要知道他们各自具体的目标。也就是我会问他们究竟想要完成什么。尽管所有学生都想学会弹奏吉他,但他们各自具体的目标不尽相同。他们的回复包括:

· 弹奏几个和弦,唱几首简单的歌曲。
· 在摇滚乐队中竞选首席吉他独奏。
· 按照玩爵士乐的标准弹奏乐章。
· 在学校假日活动中弹奏音乐、唱歌。
· 学会唱某部电影里的某个角色特定的一首歌。

现在我得到了具体的信息，我能借此来评估每个人需要多长时间来达到他们各自的目标了。比如，对于那些想要学会弹奏并演唱简单民谣的学生，我说会花费几个月来简单练习。我告诉未来的摇滚之星，需要花六个月到一年的时间进行循序渐进的练习，才能掌握所需的技巧在摇滚乐队中担任首席吉他手。我告诉那个演员，他可以在大约一个月内学会"Blue Suede Shoes"，只要他每天练习至少一个小时。对于想要按照爵士乐的标准弹奏的学生，我告诉她需要至少两年时间，每周上课来实现她的目标。

清楚明了地确定你要完成的事情能帮助你集中精力，在特定时间内完成你的目标。要明确你的目的，问问自己：

我究竟想要完成什么目标？

什么是我现在做不了只有在我达到目标之后才能做的呢？

今天我该做什么帮助我完成明天的目标呢？

要确定这个目的是否符合你的"大图景"，问问自己：

如果达到这个目的，它会帮我实现我的中期和长期目标吗？

今天我要做什么可以帮我更简单地实现下周的目的呢？那下个月的？明年的？

你会有机会在本章末尾的练习中明确特定的目的。

步骤2：
预估完成每一步骤所需要的时长

成功通常有赖于了解需要多长时间去取得成功。

——法国政治哲学家孟德斯鸠

（1689—1755）

要设定你自己可控的截止日期，你需要知道所有的步骤，并评估每一步要多长时间来完成。正确评估完成一个任务的时间须结合猜测和经验。有关于设定截止日期，我发现一件事、一个流程的几乎每一个步骤——不论多大或多小——耗费的时间常常是我原来预估的两到三倍长。因此，我总是将我完成一个任务所预估的的时间加倍（甚或三倍）。

我还从一位顶尖的总编辑那里学到了一个设定截止日期的宝贵方法，这位总编辑几乎未曾错过截止日期。她的秘诀是其所谓的"容差系数"。她会在预估所需花费的成本、时间，以及按时完成所需的其他必要资源时，都追加30%。这个"容差系数"不止一次让她幸免于错过截止日期。举个例子，在一个一年期的出版项目中，有些电脑坏掉了、有同事生病了、有客户改变了想法，一堆问题接二连三出现。如果这名有洞察力的编辑没有将这些未知的因素计入这个日程表，我们会错过截止日期，并且严重超支。

这里有些小建议帮你提高你的预估能力：

· 当考虑需要多长时间完成任务时，要实事求是。

· 决定你是否需要帮助以完成任务（如果是，什么时候、在哪里以及需要多少帮助）。

· 在做预估之前，确认你的物料、工具和其他后勤资源。

· 在你的预估中，要把外部因素纳入考虑范畴，例如家庭责任、健康问题、假日乃至天气状况。

· 在预估自己需要多长时间完成某个任务时，应了解你的个人极限和体力限制。

· 别忘了给你的预估加上"容差系数"。

在本章末尾的练习中，你会有机会预估达成你的目的之每一步所需的时间。

步骤3：
定下一个具体的日期，完成你的目标

宁可提前三个小时，也别迟到一分钟。

——英国诗人威廉·莎士比亚

（1564—1616）

现在到了棘手的部分：你必须准确定出完成你的任务的具体日期或时间。换句话说，设定一个截止期限。你选择截止期限是在某一天、某一周、某个月还是某一年呢？你自己设定的截止期限还是别人做的决定呢？举例来说，如果你在找工作的初期阶段，你很想更新你的简历，那么你就可以灵活决定截止期限。但如果工作机会不期而至，一个潜在的雇主想要你在当天结束前传真一份简历和求职信过去会如何呢？那样的话你的截止期限就在仅仅数小时以后了。

很多人没能达成他们的梦想，是因为他们没有设定截止期限去完成他们的中期和长期目标。一旦你确立自己要完成的事情，就应打定主意确立完成它的时间。以下是如何设定可以管控的截止期限的方法：

· 准备一个日历，一只彩色钢笔或记号笔。

· 检视你要完成的事情，回顾你对所涉及的任务需要完成之时间的预测。

· 给一些周折和意外延迟留出多余的时间。

· 选择特定的日期完成目标，然后问问自己：这个截止期限是基于我的深思熟虑的预测吗？这个截止期限可以控制吗？我能满足截止期限而不让自己精疲力竭吗？

· 如果这三个问题的答案是肯定的，那么就把这个日期写在你的日历上吧。

在本章末尾的练习中，你有机会设定一个你想完成的目标的特定时间。

如有必要，
边做事边调整你的截止期限

一旦你设定了自己的截止期限，下一步就是在这期间完成你的任务或实现你的目标。当你着手进行时，你会发现你所预估的时间的准确程度，以及你是否需要做出一些调整。由于很多项目有着它们自己的命数，因此要随机应变，根据现实需要对时间做出增减。举例来说，你有可能在截止期限前完成了你的大部分中期目标。如果是这样的话，你可以加速投入，比你预估的时间更早地完成你的长期目标。

但是，如果你只完成了一到两个任务，而你已经错过了中期目标的截止期限，那么你可能需要重新专注于你的最优先级任务或做出一些调整。鉴于你的日程表和之前的承诺，你有没有合理安排过时间以完成你的任务呢？如果答案是没有，那么给自己更多时间。如果你已经有足够多的时间了，但仍然没有达成你的目的，那么你可能需要找其他人来帮忙（参见第 14章）。但是，如果你虚度了大多数时光，那么你可能需要提高你的时间管理技巧，这样你就不会浪费掉你分配好的用来完成目标的时间了。

六个时间助推器帮你按期完成工作

> 人总是有足够的时间，如果他好好利用。
>
> ——德国诗人约翰·沃尔夫冈·冯·歌德
>
> （1749—1832）

斯坦利·马尔库斯，尼曼百货商店的执行总裁形容时间是"我最宝贵的资产，也是我最稀缺的资源"。金钱、物质甚至机会都是过眼云烟，而一天只有那 24 个小时。你有在一边抱怨时间太少，却一边大把浪费着这不可再生的资源吗？研究显示大多数大成就者对时间十分敏锐，总是尝试利用手中的每一分每一秒，朝他们的目标迈进，哪怕区区跬步。鉴于此，如果你采取同样的态度，清醒认识到自己是如何花费时间的，你也能达成目标。以下的时间助推器会助你提高时间管理技能，帮你按期完成工作。

六个时间助推器

时间助推器 1：制作主清单，附上截止期限。

时间助推器 2：制作日程表，坚持不懈地按期完成任务。

时间助推器 3：组织整理你的工作空间。

时间助推器 4：在同一时间做相近的工作。

时间助推器5：寻找正确的时间和地点完成任务。

时间助推器6：清除干扰。

时间助推器1：
制作主清单，附上截止期限

> 科学的伟大时刻：爱因斯坦发现时间就是金钱。
>
> ——美国漫画家加里·拉尔森
>
> （1950年出生）

你的告示板上、书桌上和冰箱上是否贴满了各种纸条，写着所有未完成的任务、项目和电话号码，看得你眼花缭乱呢？为了简化你的生活，按时完成更多事情，你需要将这些任务综合列入一个主清单中，并附上截止期限。这样你就能将所有待做事项尽收眼底，从而更好地规划任务的优先级别。使用主清单可以防止你在努力按期完成工作时忽略掉重要的细节。

这种方式还能让你可以选择哪些任务自己来做，哪些请别人帮你做。马上拿出一张纸，在顶头写上"主清单"吧。把这份清单放在触手可及的位置，这样你就能添加新出现的任务，删去完成的任务。

时间助推器 2：
制作日程表，坚持不懈地按期完成任务

> 每天早上计划一天中的事物，并按计划实施的人，仿佛拿着一根线，指引他穿过最繁忙的人生之迷宫。
>
> ——苏格兰牧师休·布莱尔
>
> （1718—1800）

成功离不开持续的稳定性。以奥克兰袭击者橄榄球队前教练约翰·麦登的制胜战略为例，他一贯期望他的球员每次有稳定的发挥，而不是偶尔有很好的表现。他相信稳定的表现是橄榄球比赛的制胜关键。在最近一次写作工作坊交流中，一个参与者提到她没有足够的时间写作，而后我强调了同样的观点。为了证明我们中的大多数都蹉跎了时光，我发给每个学生一张半个小时为间隔的日程表。他们的任务是以半个小时为区间，在这张从早上 7：00 到晚上 10：00 的日程表上列出他们每日典型的活动。他们的目标是找出至少两个空闲的时间区间——每天 30~60 分钟——在这段时间内他们可以持续稳定地投入书的写作中。很多参加者非常惊讶地发现他们原来真有这么多可用来按期完成任务的时间。一个女士告诉我，这个练习帮她发现了自己稳定的时间可以持续用来录像，在自己的工作坊贩售。

依据你的主清单，制作你的任务日程表。当你每日完成引

导你实现目标的任务时，你会得出自己规定的截止期限。以下是 3 种制作日程表的方法：

· 购买一个"每日计划本"——在文具店输入组织者 type organizer，然后用事先打印好了的时间区间组织一周七天的工作。

· 准备一个夹了横格纸的三孔文件夹。每一行以半小时可用时间为一个区间，填上每天要完成的活动。

· 在一个超大号的日历上，跟自己约定好必须要完成的工作的时间，稳步按期达成你的目标。

时间助推器 3：
组织整理你的工作空间

> 一个容纳万物的地方，万物应在其位。
>
> ——苏格兰社会改革家塞缪尔·斯迈尔斯
>
> （1812—1904）

没有什么比丢失的纸张、放错位置的文件、不见的书或者破损的工具更浪费时间，影响目标的实现。把周遭安排得井井有条会让你更容易按期完成任务。与其让混乱毁掉你获得成功的机会，不如在项目一开始就花时间把事情安排妥当。但愿你不需要花费几个星期来做准备，而只需要好好利用一点时间整理你的工作空间、材料、工具和资源，就能一路受益匪浅。举例来说，如果你想要在家里办公时更好地管理时间，你可以这样做：

- 清理你的工作空间。
- 为你的想法新建一份文档。
- 整合库存区。
- 更新供给物品。
- 删除过时的信息。
- 整理电脑文件。
- 删减名片盒里的无关名片。
- 创建一份长期日程表。
- 在一个告示板上注明你的目标。
- 列出你所需要的资源和材料。
- 查询图书馆的书籍。
- 整理书架，并按字母表顺序排列书本。

时间助推器 4：
在同一时间做相近的工作

> 没有效率，经济便无从谈起。
>
> ——英国政治家本杰明·迪斯雷利
>
> （1804—1881）

当你高效利用时间时，你会在计划时间框架内完成你的目标。在你的主清单上找出相近似的工作内容，并在同一时间内完成它们。事先设想并将相似的任务合并能节省时间，还能帮你变得更有效率。举个例子，我认识一对夫妇，有一年夏天，他们设定了一个雄心勃勃的房屋改造目标。为了能在截止期限（第一场雪）之前完成目标，他们列明了每个项目所需的所有物料。然后去正在做大减价的建材商店，一口气买了所有他们所需要的东西。这对夫妻不仅节省了时间、金钱和人力（这个商店免费运送了大部分材料），而且他们还获取了随时所需的必要物料。这里有三种简单的方法整合在家办公时的相似任务，以使你按期完成任务：

· 在一个时间块内合并解决所有重要的电话。

· 先打开所有邮箱（删除垃圾邮件），再逐一阅读或回复每个邮件。

· 设定会面的日程（注意：确保给自己一个舒服的靠枕，如果你或者别人忙得晚了，便可在两个会面之间用）。

时间助推器 5：
寻找正确的时间和地点完成任务

> 你热爱生命吗？那么别浪费时间，因为生命是由时间组成的。
>
> ——美国政治家本杰明·富兰克林
> （1706—1790）

有些大成就者在意料之外的地点和不寻常的时间完成了大多数成就。比方说，安·兰德丝。近四十年来，她每晚会在家人入睡后，一边泡着澡，一边写着日报专栏，或回复她的邮件。我知道一些职业演说家会从早上 8：30 到 11：30 打销售电话，然后在下午写作和练习演说的内容。于我而言，下午商务写作编辑能最高效地利用我的时间。如果我在晚上9：00以后写作或编辑太久，我的工作出现的失误会比平时多得多。与我相反，我的一个作家朋友的最佳工作时间是午夜到凌晨 4 点。要发现你在何时以及何地工作做得最好，问问自己：

·白天或晚上的什么时间里我最为高效？

·什么时间我最不容易分心？

·什么时间我最为灵敏和高效？

尽管你需要经验去找到最为高效的工作时间，一旦你找到自己的最佳工作时间，你会节省时间，完成更多任务，并按期完成任务。

时间助推器 6：
清除干扰

干扰会消除你对时间流逝的意识。

——美国作家格特鲁德·斯泰因

(1874—1946)

很奇妙的是，每当一天结束了，你才会想知道所有的时间到哪里去了，而你完成了什么。频繁的干扰、电话、不期而至的访客甚或一个电脑游戏都能抢夺你宝贵的时间，而这些时间一去不复还。

我的电脑自带一个叫"solitaire"（类似空档接龙）的纸牌游戏。虽然我不是个典型的电脑游戏玩家，我还是决定试着玩一下，然后发现很有意思。不久，我每天会玩一会纸牌游戏，然后再开始我的工作。我开始在午饭后玩这个游戏，再回去写作。没多久，我会为了"纸牌休息时间"停下我的工作。这些游戏通常只需要玩不到 5 分钟，但我开始发现一个大问题。以这种频率，我一周会花 1 个多小时，一个月花 5 个小时，或相当于我在自己最有效率的工作时间内，一年玩了差不多 60 个小时的纸牌游戏。如果我想按期完成写作任务，实现我给自己定下的目标，就得停止游戏。如果我还在继续玩这个游戏的话，我可能会失去宝贵的时间，通过清除这一干扰，我重新把握住了这些时间。

· 在我最高效的工作时间内，使用电话答录机自动接听电话。

· 使用一个携带方便的计时器，限制聊天的时间。

· 告知朋友你方便接电话的时间。

· 告知电话销售员他们的电话打得不是时候，你没空聊天——哪怕一分钟。

· 准备好几句友好的回复语结束你的通话或者回复说你会晚点回电话给他。

例如：

"不好意思打断一下，我需要完成现在手上在做的事。"

"跟您聊得真愉快，但是我得回去忙手上的事了。"

"我很想跟你聊更多，但恐怕我得回去工作了。"

"不好意思我现在不方便讲电话。我可以下午晚点给你回电话吗？"

"我现在在赶工期。我能明天给你电话吗？"

制定自己的截止期限你就会实现梦想

珍惜每一分钟，那么每个小时就会珍惜自己。

——英国政治家菲力浦·多墨·斯坦厚甫

（1694—1773）

美国总统约翰.F·肯尼迪热衷于讲述有关法兰西殖民统治者路易·利奥泰的故事，以阐明及时行动的价值观。大概说的是利奥泰元帅让他的园丁在他办公室的窗外种植一棵特殊品种的树。这位园丁反对说："这个品种生长极慢，得要花近一百年才能长高大。""如果是这样，"利奥泰下令道，"事不宜迟，今天下午就种树。"

看到自己完成任务并向自己的中期和长期目标迈进了一步是让人心满意足的。这便是设置和制定你自己的截止期限之目的。如果你按照以上三步设置可管理的截止期限，并运用时间助推器完成更多任务，你的梦想会很快变成现实。

小练习取得大成果
练习十三

设定你自己的截止期限

> 解决问题的策略：
>
> ## 设置截止期限
>
> 这一策略帮助你在特定时间内完成特定任务。

问题是什么？若没有自己规定的截止期限，你可能不会投入足够多时间和精力专心致志地完成所有带你走向中期和长期目标的必要步骤。通过设置和自己规定的截止期限并按期完成任务，你能够按照日程表实现梦想。

该做什么：这一练习的目的是，为某个中期目标设置一个自己规定并可管理的截止期限。首先，从第五章末尾的练习中选出一个中期目标。接着，写下步骤，然后写下完成每一步预估的时间。再来就是设定一个可管理的截止期限。最后，签上你的名字，承诺你会按期完成。

中期目标：_____

开始日期：_____   截止期限：_____

完成的步骤：

1. _____

2. _____

3. _____

4. _____

5. _____

6. _____

完成每一步的预估小时数/天数：

1. _____

2. _____

3. _____

4. _____

5. _____

6. _____

总时长：_____

我同意尽我最大努力在规定的截止期限之前完成任务。

中期目标：_____

后续行动

在你设定好截止期限之后，把它贴在你的告示板上或放在你每天能看到的地方，这样它就不会离开你的视线，或者说心里。追踪你的进步，看看你的时间预估是否合理。然后如果有必要的话调整你的截止期限。你可以为每一个你在第五章和第六章中定义的中期目标和小步骤设定截止期限，进一步进行这样的练习。

小事情清单

设定自己规定的截止期限并按期完成需要经验和自律。以下建议会帮助你按期完成任务，从而你就能实现你的中期和长期目标了。

√ 在特定时间段内设置你能够完成的切合实际的任务，你就能按期达成目标。

√ 尽可能清晰地确定你的任务，同时确定你认为完成每项任务所需要的时间。

√ 检视每日日程表，找出闲置的半个小时时间块，用来投入到按期完成任务中。

√ 你的日程表中应包含附加时间，用来仔细检查可能的错误，对你的工作进行"润色"。

√ 如果你低估了完成某个任务所需的时间或者资源，寻求他人的帮助或重新制定你的截止期限。

√ 如果你把时间频频浪费在找不见的东西上，重新整理你的工作空间吧。

√ 如果你错过了截止期限，重新评估这些任务，设置一个新的最后期限，然后重新投入工作。

√ 如果你在自己规定的截止期限之前完成了任务，那么就庆祝吧，并给自己一个合适的奖励。

下一步是什么？

现在你知道如何设置你自己的截止期限，并按期完成任务，你可以准备好闯关第 14 章了。下一步是找到可以帮助你的人脉。

14

寻求一切适时适地的帮助

我置身在一群高素质人才中，他们让我看起来很不错。

——美洲杯帆船赛冠军丹尼斯·科纳

（1943 年出生）

你会因为自己没办法完成所有事情，而眼看着梦想中的假期、房子、新的工作或宠物计划泡汤吗？你会因为细琐小事被压得喘不过气来，而错过重要的截止期限吗？对于做得不开心的任务，你会延迟完成或敷衍了事吗？你在应对那些你缺少解决经验的重大步骤吗？如果你对以上问题的答案是肯定的，那么你可能需要别人的帮助来完成你的目标，让你的梦想继续存在。

为实现梦想寻求帮助不是软弱的表现。相反，大多数成功人士承认他们不是完全靠自己的努力获得成功的，而是从很多方面受到帮助而成功的。大成就者通常将他们的大部分成就归功于他们的员工、伴侣、教练、同事、导师，甚至他们的竞争对手。

你需要恰如其分的帮助来正确完成工作

> 你不能靠你声称将要去做的事情来建立声誉。
>
> ——美国汽车制造商亨利·福特
>
> （1863—1947）

如果你为一些你需要完成的任务或步骤感到心力交瘁，那么请考虑向专业技术人员寻求帮助吧。当有人帮助你处理那些你做不来或者不愿做的任务时，你便能集中注意力在你最为享受和最擅长的事情上啦。你便不会因心力交瘁而放弃，你会按期完成任务，圆满完成你的项目，并达到你的终极目标。

获得帮助的两个步骤：

第1步：评定你的需求。

第2步：寻找合适的帮助者。

第一步：
评定你的需求

> 你很少靠自己完成很多事。你必须得到他人的帮助才行。
>
> ——美国工业家亨利·凯泽
>
> （1882—1967）

在你想寻求帮助实现目标之前，先写个"愿望清单"，列上可能对你有帮助的那些有专业技能的人们。为了前进到下一步，你需要哪种你目前所不具备的技能呢？哪些障碍是你必须清除后才能按截止期限完成任务或实现目标的呢？哪些屏障挡在你和你的目标之间难以逾越呢？假设金钱不构成问题，哪些任务是你想要他人帮你完成的呢？

打个比方，如果你在自主创业，想要扩大你的生意，你的愿望清单可能是这样：

· 一个能设计创新推广材料的设计师。

· 一个能整理组织你的办公室的效率专家。

· 一个能记账并准备纳税申报表的会计。

· 一个教你新的软件程序的电脑操作指导员。

· 一个给你更新邮件列表和整理档案的办公室助理。

· 一个能搜罗到新客户的销售员。

如果你计划要上大学，你的愿望清单可能是这样：

· 一个能帮助你选择专业的职业咨询师。

· 一个能帮助你准备大学入学考试的导师。

· 一个能给你推荐最好的课堂和老师的在校学生。

· 一个能帮助你在学校找到勤工俭学工作的教授。

· 一个能帮助你准备入学面试的演讲训练师。

· 一个能帮助你申请到运动员奖学金的体育教练。

一旦你确定你的需求，你就能找到合适的人满足你的需求。

第二步：
寻找合适的帮助者

> 我并非世上最聪明的家伙，但我确定能挑选聪明的员工。
>
> ——美国总统富兰克林·德拉诺·罗斯福
>
> （1882—1945）

不论你的梦想是航行全球或是创办你自己的电脑软件公司，找到合适的人帮助你实现目标都需要耐心、沟通技巧、冒险精神，还要有点运气。并且，你不开始这个求助的过程，是不可能确切知晓能否与某人合作共事的。即使你找到一个好的人选，也很有可能要花些时间和精力来与之磨合，进而创造一种平顺和谐的工作关系。以下应该做与不应该做的规则会帮助你规避一些在确定是否寻求他人协助时会遇到的陷阱。

应该寻找这样的人：

· 有你所寻找的相关专业技能的可靠证明材料（很多人会为了做你的生意空口承诺你所有事。在做出任何承诺前，进行一个非正式的面试并检查证明材料）。

· 愿意花时间了解你的特别需求（最能帮到你的人就是那些最愿意倾听你的人）。

· 表现出很高的个人标准和道德规范（如果有人向你许诺能实现你的梦想，但其方法听起来好到不真实，那么就很可能不是真的）。

· 既能单打独斗又能团结协作（建立一个由既有技术又有合作意识的人们组成的团队将帮助你更快实现你的目标，取得更丰硕的成果）。

· 大成就者（最能帮到你的也是知道如何取得成功的人）。

不应该指望别人做的事：

· 心甘情愿地为你的事业贡献他们所有的时间和服务（尽管有些人可能会免费给你提供协助，但你可能需要为你所得到的帮助支付金钱或用其他东西作为交换）。

· 替你做决定（如果连你自己都不知道你的目标是什么，其他人又如何能帮你实现目标呢）。

· 希望他人以牺牲自己的利益为代价来帮助你（除了你的伴侣或是家庭成员，你的目标于他人而言不太可能是头等任务）。

· 产生好的结果，而不给他们以投入、反馈和鼓励（要准备给你所求助的人投入时间和精力）。

你能在很多不同的地方
找到合适的帮助者

> 最强大的人是在需要帮助时及时向人求助的人。
> ——美国专栏作家罗娜·巴雷特
> （1919—1990）

当报刊记者问恶名昭彰的大盗威利·萨顿为什么要盗银行时，萨顿答："钱在银行里喏。"

这个贼虽然毫无道德可言，但对事理见解深刻。不论你想寻找帮手助你建造一个冒险游乐场，还是计划一次全国巴士旅游，如果你知道在哪里可以找到资源，那么事情就容易多了。如果你需要人们帮你实现目标，你将在以下这些地方找到他们：

· 求助你家周围的报纸分类广告。

· 俱乐部、社会组织和宗教团体的志愿者。

· 专业人员指南。

· 给予帮助的就业中介职业办公室。

· 愿意给你写推荐信的朋友或者雇主。

· 能帮忙改造房子的独立承建商。

· 提供免费课程和服务的图书馆、学校和公园。

- 在本地高中或大专院校中招聘学徒和实习生。
- 给予经营建议的导师计划。
- 加入多个网络社交群可以建立更多业内社交关系。
- 愿意与他人分享专业知识的同龄人。
- 参加专业组织举办的学术研讨会，更新你的技能。
- 写推荐信来，能帮你办事的人。
- 书本封底上与你的目标或兴趣密切相关的信息资源。
- 电话黄页上任何你需要查找的人。

让我们进一步了解
如何找到一个导师

> 总会有些时候，你会期望有个可以跟自己谈话的人——一个帮你度过那些艰难挣扎的时光的人。
>
> ——美国橄榄球运动员汉克·阿伦
>
> （1934年出生）

导师是这样一类人，为了挖掘人们的潜力并帮助人们实现目标，他们贡献出自己的时间，分享经验，付出精力。不同于教师、教练、培训师、拍档或者咨询师，一个导师的作用是一对一的推进者。一般来说，导师可以分为三类：短期的导师、非正式的导师和长期的导师。

短期的导师

> 好建议是无价的。
>
> *——谚语*

有关于如何处理某个特殊情况的中肯建议是一种短期的指导。你的导师的指导会帮你处理一个短期的问题，而且还包含她或他是如何处理类似情况的个人故事。举例来说，在我当小学代课老师的第一天，我太手足无措了，到了上午 10：30，我不确定，是否可以不必努力让学生们坐回座位维持到午饭时间，或是直接放弃。幸运的是，在课间休息时，一个有经验的老师提供了一条宝贵的建议。"我为一天的每分钟都做好了计划，"她说，"那样的话孩子们没有时间给我找麻烦。"我的短期导师拯救了我的第一天，并教给我有关教学的最重要的一个准则：做好准备。

非正式的导师

> 在那段日子里，他比现在明智得多——他曾频频接受我的建议。
>
> *——英国政治家温斯顿·丘吉尔*
>
> *(1874—1965)*

偶然接受帮助，指引你取得中期和长期目标的建议是一种非正式指导。这种情况下，你可以汲取导师的知识和经验，帮你实现各种任务目的。举例来说，在我加入美国演讲家协会后，一个友好的会员向我提供了他的建议和经验。他告诉我："唐，如果你想知道有关演讲事业的任何事情，尽管来问我哦。"经过了多年，我常常给他打电话咨询问题或探讨想法，而他会毫无保留地跟我分享知识和经验。作为一个非正式的导师，他帮助我实现了好多个我的职业演讲目标。

长期的导师

> 演讲是知识的领域，倾听是智慧的特权。
>
> ——美国作家奥利佛·文德尔·荷默斯
>
> （1809—1894）

最后，你可能需要得到一个导师的长期帮助。牧师及作者诺曼·文森特·皮尔常常会讲他如何找到自己的长期导师罗伯特·罗巴敦的故事。一次在教堂做完礼拜后，两人聊了聊，皮尔对自己作为牧师的能力表露出一些疑虑。罗巴敦对他说："听着孩子，请记住。别作茧自缚。"听了这些鼓励的话，诺曼·文森特·皮尔找到了一个长期导师，此后的五十多年他都会找罗巴敦咨询意见。

在哪里寻找导师

你可以在与你所喜欢的领域相关联的组织中找到帮你实现梦想的导师。很多协会、社会组织和商业团体赞助他们的成员参加导师计划。例如，作为美国演讲家协会的一员，我成了一些演讲者的导师，指导他们实现写作和出书的梦想。组织有序的课程计划通常会提供系统的方法，专注于实现特定的目标。

加入一个组织不是你找到导师的唯一方法。也许你敬仰某人，想按那个人来塑造自己。你可以写封简单的信介绍自己，问问他是否愿考虑成为你非正式的导师。说不定你可能会得到一个肯定的答复呢。另一个找到导师的地方是通过宗教协会和志愿者团体。他们的很多成员乐于成为导师，给人们提供建议。不论你正在寻找一个短期的、非正式的或长期的导师，谨记以下几点：

· 总是对导师的帮助表达感谢。

· 不要利用导师的好意，占用太多他们的时间。

· 大多数情况，避免与导师讨论太多个人问题。

· 把导师看作榜样和引导者，而不是你诉苦的对象。

· 不要指望一个导师为你做决定。

· 保持你跟导师的独立性。

来自美国最成功人士之中
一个"10"分的导师排名

在《成功的因素》（*The Achievement Factors*）这本书中，作者 B. 尤金·葛里斯曼问了众多作者、运动员、商人和创业家，就实现目标而言，导师的重要性如何。从 0 分（最低）到 10 分（最高）的范围，汉克·阿伦、玫琳凯·艾施、迈尔康·福布斯、克里斯·克里斯托福森、珍妮李、斯坦利·马尔库斯、桑德拉·奥康纳以及诺曼·文森特·皮尔都给自己的导师打了"10 分"。如果导师帮助这些成功人士实现了目标，那么导师也可能帮你实现梦想。

小练习取得大成果
练习十四

你该给谁打电话？

解决问题的策略：

利用外部资源

这一策略帮助你专注于从多种渠道寻找信息、专业知识和协助你找到解决方案。

问题是什么？你不总是拥有全部的信息、专门技术或者时间来克服你和你的长期目标之间的障碍。依靠对外部资源的运用，你能够专注于你最擅长的事，获取你所需要的帮助，以实现梦想。

该做什么：这一练习的目的是，确认实际可靠的外部资源来帮助你完成特定的任务。首先，决定你需要协助的任务是哪些。然后，列出信息的来源和人力资源的出处或其他你能想到的外部资源，将这些任务与之逐一匹配上。

信息来源

- 年鉴
- 年度报告
- 传记
- 数据库
- 字典
- 百科全书
- 网络和在线服务
- 图书馆
- 杂志
- 报纸
- 专业目录
- 电话号码簿
- 行业杂志
- 冷知识书

人力资源

- 商务联系人
- 教练
- 承包人
- 咨询团体
- 私人顾问
- 同事
- 就职介绍所
- 家人
- 朋友
- 兄弟会
- 导师
- 网络
- 同龄人
- 专业协会
- 宗教团体
- 社会组织
- 老师
- 辅导老师
- 老兵团体
- 志愿者组织

我需要帮助才完成的任务：　　能帮上忙的外部资源：

1. _____　1. _____

2. _____　2. _____

3. _____　3. _____

4. _____　4. _____

后续行动

　　现在你知道在哪里可以找到帮你实现目标的外部资源了吧。下一步是决定首先专注于哪个任务或问题。选择一个简单易完成的中期目标。然后找出正确的信息或合适的人选来帮你。一旦你完成了这个目标，便可继续进行更为复杂的中期目标，它们需要更多的时间、精力、技术和外部资源来完成。

小事情清单

　　尽管从没有人说过实现梦想会是件容易的事，但所幸的是，有很多人可以一路相随帮到你。运用一些小建议找到合适的人选帮你实现目标吧。

　　√ 只要可能，用推荐的方式寻找你需要的人来帮助你吧。

　　√ 帮助他人实现目标，而他们也会这样做的。

　　√ 如果一个人不能帮助你实现目标，那么问问他是否认识其他能帮上忙的人。

√ 扎堆在一群你能找到的优秀的人身边。

√ 不要指望别人比你更努力地工作来帮你取得成功。

√ 如事与愿违，也要对别人的努力表示感谢。

下一步是什么？

现在你知道在哪里去找到合适的人选来帮你实现梦想了，你可以准备好闯关第 15 章。下一步是最后冲刺。

15

最后冲刺

> 永远记住：你自己取得成功的决心比什么都重要。
>
> ——美国总统亚伯拉罕·林肯
>
> （1809—1865）

众人都认为亚伯拉罕·林肯是美国的救世主。当他于1861年宣誓就任美国总统时，他的长期目标是停止奴隶制的扩张，以及维护美国的统一以防止南方多个州因衰退导致战争。这位"伟大的解放者"的两个梦想都实现了。他对成功的意志力为他赢得了"有史以来最伟大的人之一"这样的赞誉，然而不幸的是，他付出了生命的代价。尽管不论以何种标准来衡量，林肯都被世人看作是成功者，你可能不了解他也经历了许多失败。在赢得这个国家的最高权力之前，他克服了无数的困难和艰险，以下是其中的一小部分例子：

· 亚伯拉罕·林肯出生于一个贫困的家庭，他的双亲几乎不识字。

· 他断断续续接受过教育，受教育程度不高。

· 林肯在 22—24 岁时做生意失败了。

· 27 岁时，他患上神经衰弱。

· 林肯在 8 次不同的选举中竞选失败，包括竞选伊利诺伊州议会、美国参议院、众议院、议长、选举人和副总统。

· 即使在林肯任总统时，他时常为实现他的"建立一个民有民治民享的政府"而挣扎着。

这个故事寓意着绝不要放弃——不论你经历过多少次的失败、困难或是成功。当你接近你的长期目标之终点线时，若想获胜，你将需要坚持到底，并贯彻实施你的计划。另外，一旦你实现了你的梦想，你会需要考虑其他一些重要问题。不论你想成为一名奥林匹克运动员，还是建造一所房子或是竞选政治职位，在你完成目标之前以及之后，请运用以下 5 个温馨提示吧。

在你闯过终点线之前及之后的
5 点温馨提示

温馨提示 1：坚持到底，直至你达成目标。

温馨提示 2：期待切合实际的回报。

温馨提示 3：向曾帮助过你的人们致谢。

温馨提示 4：处理好你的人际关系。

温馨提示 5：保持谦虚低调的姿态。

温馨提示1:
坚持到底，直至你达成目标

> 没有什么错误比什么都没发生更大了。
>
> ——英国诗人威廉·布莱克
>
> （1757—1827）

1985年，在结束了创纪录的新秀赛季后，21岁的王牌投手杜威·古登赢得了国家联盟塞扬奖并开启了大多数运动员梦寐以求的职业棒球运动员生涯。然而，古登引人瞩目的上升势头没能延续。20世纪90年代初期，不断吸毒和反复出现的财务问题威胁着他的职业生涯。由于在投手位置的失利不断增加，他被一个俱乐部转到另一个俱乐部。没过多久，他曾经传奇的职业生涯偃旗息鼓，几乎一败涂地。很多粉丝认为古登的事业就要完蛋了。然而，1996年纽约洋基队老板乔治·斯泰因布里纳决定再给古登一次机会。在经历了两个赛季比赛投球后，1996年5月15日，在洋基体育馆内，在对抗西雅图水手队时，古登让所有人（包括他自己）大吃一惊，因为他上演了全场无安打比赛。粉丝、队友、教练和祝福者们疯狂欢呼雀跃，赞颂他惊艳的成就。杜威·古登的成就之秘诀在于他坚持自己的目标不到比赛最后一刻不罢休，之后成功回归自己的职业棒球生涯。

在你前进之路上随时可能产生半途而废的冲动或对目标失去焦点，不过你可能会在接近你的项目终点时尤其脆弱不堪。对我而言，当我距离完成一本书的创作还差大约一个月时，我会感到疲倦、精神涣散。因而，我需要更加集中注意力专注完成这份工作，获取可能最好的结果。以下是能让你坚持到底直至跨过终点的一些做法：

· 这样对自己说："专心致志对待手头的任务吧。只有3个礼拜（或任何别的时长）我就能完成了。"

· 每离你完成目标的截止期限靠近一天，就在你的日历上划掉一天。

· 告诫自己工作不一定要做得完美，但必须做完。

· 如果你慢下来或是停下来，调动你积蓄的力量，然后继续推进工作。

· 告诉自己你可以在完成目标后好好休息。

· 不要接受任何放弃的借口——不论你有多想接受。

· 提醒自己实现目标的好处。

温馨提示2：
期待切合实际的回报

不要在邮件上寄予太多期望，当电话铃响时，也别指望有贵人给你打电话。

——美国电视评论员安迪·鲁尼

（1919 年出生）

恭喜你！历经三年的呕心创作，你终于出版了这本伟大的美国小说。你砰的一声用力打开一瓶香槟，跟你的朋友们举杯庆祝，然后志得意满地坐等巨额版税支票。你百分之百坚信那些电影合同、演讲邀约和明星代言会随时纷至沓来。好吧，别屏住呼吸了。也许你会成为下一个史蒂芬·金，但残酷的现实是，每年有超过 50000 本书出版，而书店常常会在一个或两个月后，将书架上受冷遇的书退还给出版社。尽管一些作者通过写书致富，但更现实的预期是商业、收入或你所在特殊领域的认可度可能只会缓慢地提升。

这个故事告诉我们，不能仅仅因为你完成了你的长期目标，就觉得不用更加努力，你顺理成章可获取无尽的财富和机会，或是对未来胜券在握。希望你经过努力所得到的利益会配得上你所付出的精力和投入。但要正确地看待这件事，因为如果你不切实际的期望没被满足，你完成其他项目的动力会受损。

如何避免不切实际的期望

当你在某事上取得成功时，你自然而然地会梦想着所有好的事情会发生在你身上。可是如果你发觉常常对实际获得的利益感到失望，那么请考虑以下建议：

· 和其他实现相似目标的人们讨论你的期望。
· 不要指望每个人跟你一样很开心看到你成功。
· 不要期望人们会仅仅因为你实现某个目标就蜂拥而至。

· 保持你的期望是切合实际而且正确的。

温馨提示 3：
向曾帮助过你的人们致谢

> 当一个人告诉你他是靠辛劳工作致富的，问问他，靠谁的。
>
> ——美国小说家唐·马奎斯
> （1878—1937）

有些人变得太过注意自己的成就而会忘了一路曾帮助自己的人。我的一个作家朋友没有在她书中的"致谢"部分提到她的文稿代理人的名字。这位代理人感到失望和不开心也是情有可原的，尤其因为其花费了大量时间和精力为我的朋友卖书和协商合同。像这样的小疏忽，看起来虽小，但可能会损害别人帮助你进行未来事业的意愿。

如果忘记向曾帮助的人致谢
要做些什么呢

被我们自己的目标一叶障目可能会导致疏忽失察。如果你没有及时向曾帮助你的人们致谢，你可以做以下事情来弥补你的疏忽：

· 给施助者写一封感谢信，附上你对他们的感谢。

· 送一个小礼物，比如鲜花，或者一封午餐或晚餐邀请函。

· 尽你可能提供任何形式的互惠互利条件。

· 在你们下次聚会的时候，当众举杯，称赞他们对于你的成功之贡献。

· 告诉同事或是朋友关于她如何帮助你成功的故事。

温馨提示 4：
处理好你的人际关系

> 如果你把抚养孩子的事搞砸了，我认为无论其他何事你做得如何好都不重要了。
>
> ——美国记者杰奎琳·肯尼迪·奥纳西斯
>
> （1929—1994）

完成艰难的长期目标常常需要你最关心的人们做出牺牲。忽视或无视你的人际关系太久——即使出于正当理由——也会对你的婚姻、家庭和友谊产生负面影响。我们应平衡你和你的家人及朋友的需求，避免为此付出不必要的高昂代价。

如果你没顾及你的人际关系
该做些什么弥补呢

如果你没有花时间定期与家人和朋友相处，你们的关系会受到损害。要改变这一趋势，让你的人际关系保持健康热络，你可以：

· 认识到平衡工作和家庭的重要性。

· 为过去行事思虑不周道歉。

· 在你的行事日历上安排好定期和家人及朋友相处的时间。

· 用红色笔在你的行事日历上标记诸如纪念日和生日这样的特别日子，以免你会遗忘。

· 为过去取消的所有时间一起策划一些特别活动作为弥补。

· 制订规则时不要取消为家人或朋友既定的时间。

温馨提示5：
保持谦虚低调的姿态

我是最棒的！

——世界拳王穆罕穆德·阿里

（1942—2016）

你个人的成就会令你感动，但要小心向他人表达这一想法的方式。如果你对自己的成就夸大其词或期望得到特殊对待，你会给他人留下负面印象。当然，有些名人会用艺术的形式夸耀抬高自己。以穆罕穆德·阿里为例。有一次，在等飞机起飞的时候，空姐提示他系好安全带。阿里以玩笑的口吻回答："超人不需要系安全带哦。"空姐不假思索地回应说："超人也不需要坐飞机哦。"

如果你有点过度自鸣得意时
该注意些什么呢

我永远忘不了那一天，当我卖出第一本签约作品——有关于儿童健康零食的录音文本。当我走在纽约的街道上时，我感到自己仿佛乐上了天。多么美妙的感觉！我欣喜若狂。在给自己庆祝了一周左右，一位密友说："唐，回到地球上吧，回到我们身边。"起初，他的言语让我感到冒犯了。然后我意识到我的朋友给了我一些很宝贵的建议：当你在努力工作后实现某个目标时确实会感觉良好，但别让这个感觉冲昏了你的头脑。

不论你是从医学院毕业还是考到驾照，当你实现梦想之时，给自己拍拍背点点赞无可厚非，但不要让你的成就占据了你的思想。以下的一些注意事项帮你保持谦虚低调的姿态：

· 1 · 要谨记多数人认为谦虚比狂妄更迷人。

· 不要要求太多特殊权利。

· 2 · 要对夸大你的成就保持克制。

· 不要对批评反应过激。

·3· 要克制住对你所完成的事情发表自命不凡的言论。

· 不要因为你的成就没有惊艳他人而感到失落。

·4· 要和别人聊各种话题而不是你自己或你的成就。（你可能听说过有个女演员在一个鸡尾酒会上说过的话，"我聊够了你的事儿了，那我来问你一个问题，你觉得我的新电影怎么样呢?"）

正确看待你的成就

> 你会远行，但一定要回来！
>
> ——谚语

现在你已实现自己的伟大梦想，是时候暂停一下了。你已经花了大量的时间和精力专注并完成小事情，你做得很棒了。对于你的追求你已取得成功，这有赖于你完成了你所从事的事情。你正享受着劳动的果实，有赖于打从开始所做的合理预期。你的朋友、家人和同僚分享你的快乐，有赖于你保持谦逊的姿态，并对他们的帮助和支持表示感谢。在你冲过终点线之前或之后借鉴这些温馨提示，你会一直关注着大愿景，并为下一个大目标做准备。

练习十五

我遗漏了什么吗?

> 解决问题的策略:
>
> ## 检查关键问题
>
> 这一策略帮助你在完成目标之前及之后解决五个重大问题。

问题是什么?你会很容易一心扑在要完成的目标上,因而忽略了一些重要的问题。借鉴本章中提到的五个温馨提示,你就能在冲过终点线之前及之后解决这些问题。

该做什么:本次练习是为了发掘出在五个关键方面会出现的任何遗漏。写下两种在借鉴每个温馨提示时所使用的方法。

温馨提示一:
我能做什么以坚持到完成我的长期目标为止?

_____

_____

_____

温馨提示二：

完成我的目标后我的合理期待是什么？

温馨提示三：

谁帮助我完成小事情，达成我的中期和长期目标呢？

温馨提示四：

我能为我最关心的人们做什么特别的事情吗？

温馨提示五：
我能做什么以保持谦虚的姿态，
即使我对自己实现了目标而欣喜若狂？

后续行动

想象一下，有人在一个为你举办的颁奖晚会上请你举杯祝词。对于你的成就，你会对来宾说些什么呢？写下一段表扬自己的简短的祝酒词或信，然后把它贴在你的公告板上或是任何你能看到的地方。然后用你所选的方式奖励自己——这是你应得的！

小事情清单

达成长期目标是这世上最美好的感受之一。以下小事情将帮助你了解接下来该做什么。

√ 注意不要坐享旧荣誉。

√ 磨砺任何生疏了的技能，随时准备好迎接更具挑战的目标。

√ 抛弃那些从没成功变为现实的旧想法。

√ 头脑风暴，为与你过去成就相关的其他项目集思广益。

√ 完成未尽项目。

√ 看看你同行业的或有相同志趣的人们在做什么。

√ 复盘一个失败了的工作，看看你是否可以取得成果。

第四步中你学到了什么？

在第四步中，你学到了当涉及实现目标时，坚持比天赋、运气、金钱或是其他任何事更重要。很多成功人士认为坚持才是他们成功的秘诀。其中之一便是阿尔伯特·爱因斯坦。有这样的一个故事，一天爱因斯坦需要一枚回形针将最近刚完成的研究文章装订起来。他和他的助理搜遍了他的办公室，但只找到一枚严重变了形的回形针。爱因斯坦非常果断地决定，如果找到合适的工具，他就能够把回形针掰回正常形状，于是，俩人扩大了搜寻范围，开始找工具处理这件事。又找了一会儿，助理发现一整盒回形针塞进了一个抽屉里，当下判定他们解决了这个问题。然而，令助理意外的是，爱因斯坦拿了一枚新回形针，改成一个工具的形状把那枚变弯了的回形针掰直了。这个年轻人疑惑不解地问他为什么不直接用新的回形针装订文章。爱因斯坦回答道："一旦我定下一个目标，什么事都难以改变我的决定。"

坚持，毫无疑问是实现目标的关键因素。这节中，你学到了如何利用批评的好处坚持到底，并且不让反对之人破坏你成功的决心。现在你开始采用"即刻行动"的策略，拖延症将不会吞噬你的自信或动力。正确地完成工作意味着设定和完成可以达成的目标，然后继续前进到下一步，就算你所完成的工作并不"完美"。你还学到了，只要你给自己创制合理的日程表并据此坚持到底，设定截止期限便是很容易的事。现在你也知道你不必事事躬亲。人们通常乐于帮助你完成你的目标——你要做的只是适时适地地寻求他们的帮助。最后，你知道了，在你实现你的长期目标之前及之后，有5个重要的问题需要解决。

下一步是什么？

现在你已经实现了梦想，准备好闯关"第五步，构筑你的成功大厦"及第16章吧。下一步是从你所成之事中学习经验。

攻略五

构筑你的成功大厦

坚持已在做的事并从过去的错误中汲取经验

继续前进：世上没有什么可以取代坚持。才华取代不了；有才华而无建树的人比比皆是。天才取代不了；一无所获的天才几乎成了谚语。教育取代不了；世上到处是穷困潦倒的受过教育的人。只有坚持和决心才是无敌的。

——卡尔文·柯立芝（1872—1933）

美国第三十届总统

16

你已圆梦，接下来做什么呢？

> 要是上帝能给我一个明确的信号该多好！比如以我的名义在瑞士银行存一大笔钱。
>
> ——美国作家伍迪·艾伦
>
> （1935 年出生）

你能想象每天早上 6 点起床，经受数小时身体上的疼痛折磨，日复一日，月复一月，持续近 11 年——只为了能参加奥运会与高手竞争吗？比尔·卡卢奇，这位于 1996 年奥运会获得赛艇铜牌的运动员，正是为了追寻他的梦想这么做的。与大多数参与这项比赛竞争的运动员相同，比尔只获得了短暂的声望和差强人意的经济回报。因而，他成功的真正衡量标准其实是他实现了自己赢得奥运会奖牌的终生目标。

庆贺你的成功

> 成功于我而言是拥有十颗蜜瓜却只浅尝每一颗的上半部。
>
> ——美国歌手芭芭拉·史翠珊
>
> （1942 年出生）

一旦你实现了某个长期目标你可以这样做：

· 为你的成功而庆贺；

· 评估你所完成的事；

· 追寻其他梦想。

不论你的梦想是获得一个大学学位，发明一项专利或是赢得一个国际象棋比赛，当下正是你因完成这个困难任务而奖励自己的时刻了。放轻松，享受你劳动的果实，回顾你所取得的成就吧。沐浴在这一金色时刻的高光下，认可自己达成了长期目标，这也是构成成功的重要一部分。不论你的成就是什么都不可能至善至美，但你仍能接受你应得的荣誉并尽情享受之。因为你完成了你的长期目标，你不仅有信心和技术去实现其他的梦想，还应得到特别的回报。以下建议是在你实现长期目标后自我奖励的几种可能方式：

- 举办一个庆祝派对。

- 给自己买份特别的礼物。

- 休一周假。

- 睡个懒觉。

- 请一个朋友吃晚饭。

- 去做个 spa 或按摩。

- 放松一下，读本最喜欢的书。

- 开瓶香槟畅饮。

尽管你已实现梦想，
有人还是会对你说三道四

> 这一部戏剧只有一个缺点。那就是有点糟糕。
>
> ——美国漫画家和作家詹姆斯·瑟伯
>
> （1894—1961）

列勃拉斯，这个派头十足的钢琴家，因其装饰着点燃的蜡烛的钢琴和他那夺目的缀满亮片的紧身衣而闻名于世。作为表演者，虽然列勃拉斯深受爱戴，但常常受到高雅音乐评论家们的贬损批评。在纽约麦迪逊公园一次音乐会演奏结束后，一位当地音乐评论家抨击了他的表演。列勃拉斯说此人的评论深深地伤害了他——伤得太深，事实是，他"一路哭到河岸边"。

尽管你完成了某个艰难的长期目标，可还是至少会有一个人试图贬低你的成就，剥夺你的成功。如若发生这样的事，牢记这样两点。第一，你实现了梦想，这在你自己看来就是成功。不要让任何人把这份成就从你身上带走。第二，很多成功而有天赋的人士都被嘲笑过、讥讽过、打压过、重伤过、抨击过。因此，如果有人用诸如"失败"、"陈腐"或"平庸"之类不讨喜的言论评价你，别担心——你可是与成功人士为伍咯。

书籍总充斥着突显著名运动员、商人、政治家和人类学者的生活和成就的各种故事，但他们也曾失败过——在他人眼里如是。这些人未曾放弃自己或认为自己失败，这一事实展现出他们的自信和动力。这里有些成功人士的经典范例，按照其批评者的说法，他们是失败的——至少在他们成为名人之前。

吉卜林是出生于1889年的伟大作家，《旧金山调查者报》的编辑给这位英国小说家和诗人寄了一封拒绝信说："很遗憾，吉卜林先生，你并不了解怎么使用英文这门语言。"吉卜林不屈不挠地继续写作，并于1907年获得诺贝尔文学奖。

一位鼓舞了众多人的女士埃莉诺·罗斯福，尽管受众人敬仰，她还是会因其一些独立观点，内容包括妇女权利，而受到野蛮的批评。这从来没有阻止她声张自己的看法，支持她信仰的事业。这些话可以总结她的态度："未经你的许可，没人可以让你感到低人一等。"

一位高产的作曲家罗伯特·齐默尔曼还是个少年时，在明尼苏达州德卢斯城的一个高中进行才艺表演，他的同学嘘他下台。看上去没有观众认为他有才艺，因为他的破锣嗓音，跟与众不同的有关社会抗议和无选举权的歌曲。齐默尔曼并未因此一蹶不振，19 岁时，他背起吉他，带上手风琴，搬到纽约市。在那儿，他改名为鲍勃·迪伦，并成为美国最为著名的民谣歌手之一，以及他所处时代里最有影响力的创作者之一。

《异想天开》（1960）是纽约一出轰动传奇、长盛不衰的音乐剧，起初票房并不理想。早期的评论很糟糕，以致于好多个背后金主想让其制作人罗尔·诺托在首演一周后结束这出戏。写下这本书以及歌词的作者汤姆·琼斯也现身首演之夜，他听到了观众席中有人大声抱怨道："这演的什么鬼？"琼斯因为这个批评难过得不得了，以致在回家的出租车上他的胃病犯了。琼斯说："我刚下了出租车，就一路呕吐到了中央公园。"

罗尔·诺托、汤姆·琼斯和全体演员下定决心一定要取得成功，为此大家做出了一些调整。随着评价的提高，观众的反响也越来越好。3 年后，在沙利文街剧场，这个远离百老汇，只能容纳 150 个座位的剧场里，每晚一票难求。这部戏用了 5 年的时间，成为大家公认的一款名剧。时至今日，在首演过后近 40 年，该戏仍在上演。

别让批评者泼你的冷水

这些高成就者不会让他人的负面评论阻碍他们享受胜利的果实。向他们学习吧。当你享受到成功的滋味，还给了自己合适的奖励后，是时候朝前看了。下一步就是以客观的角度回顾你所完成的事情，这样你就能从中汲取经验并获益。

评价你的成就

对于一些非常好强的人来说，胜利是成功唯一的标准。想到赛车手理查德·佩蒂的母亲在儿子首个职业比赛中取得第二名后给他的建议。"你输了！"她说，"理查德，跟别人比赛你不必跑第二名。"从那天起，佩蒂连续赢得了代托纳500车赛7次冠军和全国汽车比赛协会7次冠军。他是第一个赢得了100万美元的改装车车手。

评价你的成就的三个问题

如果你能客观评价你的成就，你便会从你的成就中获益。利用以下问题来帮你评价你的成就：

问题1：你完成了原定的长期目标吗？

问题2：哪些任务是你最擅长且乐于去做的呢？

问题3：如果要追寻下一个目标你会做出什么改变？

大多数成功人士承认，不论他们把一份工作做得多好，总还是有改进的空间。这一想法不但不会消减他们的成就，而且会推动他们在未来的事业追求中取得成功。

问题1：你完成了原定的长期目标吗？

> 妈妈总说我的好日子要到了，但我从没想到我最终成了最矮的年度骑士。
>
> ——英国冠军骑师高顿·查理兹
>
> （1904—1986）

这个问题聚焦在你是否按照自己的预想完成了自己的长期目标。举例来说，当克里斯多弗·哥伦布丁 1492 年 8 月 3 日从西班牙帕洛斯出发首次开始探险航行时，他的原定目标是发现一条通往西印度群岛的捷径。他受财富驱使，想变成有钱人。他的"宏图伟略"是向西航行 2400 海里，达到日本附近的小群岛。他本计划在那里建立一个东西方贸易公司，然后统治当地居民。只不过，令他意想不到的是，他发现的是今天众所周知的巴哈马群岛。当然，哥伦布被人认为是第一个发现美洲大陆的人，并证明了世界是圆的。

如果你完成了一个不同于你原定计划的目标，问问自己：

· 完成这一不同的目标我能有何益处？

· 鉴于这一成就，我还能追寻哪些其他相关目标吗？

· 继续追寻我的原定目标还是个好主意吗？

问题2： 哪些任务是你最擅长且乐于去做的呢？

知之者不如好之者，好之者不如乐之者。

——中国古代思想家孔子

（前551—前479）

明确你所擅长的任务并享受这份任务能帮助你为下一个大目标设定优先级。如果你是个完美主义者，或是在设定和实现截止期限上有困难时，这点尤为重要。况且，你在第十四章中已经学到，"适时适地寻求帮助"，你可以寻求他人帮助，完成那些自己做不来或是不想自己来完成的任务。

举个例子，我很喜欢做研究和写书。然而，我需要一个编辑帮我校对错别字、探讨创作初衷、整理清楚手稿。有赖于能专注在我最擅长的事情上并在其他任务上得到帮助，我能写出更高质量的书，并在过程中得到更多快乐。

有个简单的方法能让你集中注意力在工作中找到卓有成效和令你沮丧的部分。准备一张纸，折成两半，抬头写上"卓有成效"和"令人沮丧"。然后在其上分别列出你所擅长和想要寻求帮助的任务。在你确定好这些做得开心的事以及想要获得帮助的事后，你便可以开始计划如何着手实施下一个长远目标了。

问题3: 如果要追寻下一个目标
你会做出什么改变?

> 关于成功最艰难的是你得一直保持当一个成功者。
>
> ——美国作曲家厄文·博林
>
> (1888—1989)

大多数成功人士会寻找方法从他们的成功与失败中学习经验和教训。如果你想要实现更多梦想，那就坚持已在做的事，并从过去的错误中汲取经验。正如伟大的电影女演员塔卢拉赫·班克黑德所说，"如果我不得不重新活一次，我还是会犯同样的错误，只是会更快改正过来"。

在本章末尾练习中，你将有机会依据在本书中列出的不同方面对自己的表现打分。然后你会看到，当你追寻下一个梦想时，你会改变你的做法。

追寻其他的梦想

> 因为它就在那儿。
>
> ——英国登山家乔治·马洛里
>
> (1886—1924)

现在你已经登上你的珠穆朗玛峰，你可能会想实现其他的梦想。以哥伦布为例。他一"发现美洲大陆"，便说服费迪南德国王和西班牙的伊丽莎白女王资助他完成沿北美洲海岸线的探险航行。哥伦布的下一个梦想便是在这个"新世界"里找到黄金。

就像哥伦布那样，你需要确定你的原始目标里哪些是你达不到的，哪些是你仍然想要实现的。完成下面的回答，帮助你自己决定下一个伟大的目标是什么：

_____

_____

尽管我完成了大多数原定目标，那个梦想中仍需要实现的部分是：

_____

_____

我已经完成了自己的原定目标，我想实现的下一个梦想是：

_____

_____

_____

成功者会继续追逐更高的目标

> 我们实现明天理想的唯一障碍是对今天的疑虑。让我们带着强大而积极的信仰前进吧。
>
> ——美国第三十二届总统富兰克林·德拉诺·罗斯福
>
> （1882—1945）

不论你的长期目标是清扫干净你的车库或是学会跳伞技能，把每一个成就都想象成对接另一个梦想的跳伞。庆贺你的成就会激励你追寻更加雄心勃勃的事业。评价你的成果使你能汲取经验，并指导你追逐下一个长期目标。将这些成功因素综合在一起，你注定会成功！

练习十六

我该如何做？

解决问题的策略：

运用绩效评价图

这一策略帮助你在追寻某个长期目标时确认你的优势和劣势。

问题是什么？客观的自我评价绝不容易，特别是当你完成了某个长期目标后。然而，通过在关键方面给自己打分，你能改正自己的缺点，投资在你的优势面上，在你未来的事业奋斗中提高成功的机会。

该做什么：按 1 分（弱）到 10 分（强）的范围，给自己在以下每个关键方面的绩效打分。诚实面对自我评价，并回答你的表现到底如何，而不是你希望你能表现得如何。

你在这些关键方面绩效如何？

技能	弱				一般				强		
设定长期目标	0	1	2	3	4	5	6	7	8	9	10
确定你的动机	0	1	2	3	4	5	6	7	8	9	10
克服失败的恐惧	0	1	2	3	4	5	6	7	8	9	10

设定短期目标	0	1	2	3	4	5	6	7	8	9	10
攻克小步骤	0	1	2	3	4	5	6	7	8	9	10
启动项目	0	1	2	3	4	5	6	7	8	9	10
运用你的创新技能	0	1	2	3	4	5	6	7	8	9	10
设定自己的配速	0	1	2	3	4	5	6	7	8	9	10
从批评中学习	0	1	2	3	4	5	6	7	8	9	10
避免拖延症	0	1	2	3	4	5	6	7	8	9	10
克服完美主义	0	1	2	3	4	5	6	7	8	9	10
按照自我施加的最后期限完成任务	0	1	2	3	4	5	6	7	8	9	10
当需要时寻求帮助	0	1	2	3	4	5	6	7	8	9	10
奖励你的成功	0	1	2	3	4	5	6	7	8	9	10
处理与成功相关的问题	0	1	2	3	4	5	6	7	8	9	10

后续行动

一旦你为自己的绩效评出分数，你就能确认特定方面的优劣势。下一步就是准备好一个行动计划让每个方面得到改进。你能通过回顾审视特定的章节和练习找到方法提高每个方面的评分。在一张白纸上，写下你想提高分数的每个方面，如下所示：

方面：_____   分数：_____

我能做什么来提高分数：

你可以在完成任意目标后运用这一自我评价绩效表。当你在某些关键方面的分数提高了，你所追寻的每个新的目标和梦想就会更加容易实现。

小事情清单

达成长期目标需要全心投入、认真计划、行动力和坚持不懈。以下小事情将帮助你了解接下来该做什么。

√ 继续努力，让你的各种能力变得比现在更加出类拔萃。

√ 尽可能在更多方面运用你的才能。

√ 给自己积极的信息以实现你的短期和长期目标。

√ 寻找你的成功所带来的潜在福利。

√ 将你未完成的项目或未实现的梦想记录存档。

√ 尽可能从你的成功和失败中汲取更多知识。

√ 找到可以与之分享你的专业技能和知识的人。

下一步是什么？

现在你已经实现了梦想，准备好闯关第 17 章吧。下一步是看看实现大梦想的你力所能及的其他小事。

17

50 种方法助你实现大目标

实际上，我是一夜成名的。但走到这一步花了我 20 年。

——美国电视节目主持人蒙提·霍尔

（1924 年出生）

现在你已经实现了你的大梦想之一，接下来该做什么呢？你的未来会是怎么样的呢？你和其他人如何继续从你的奋斗中获益呢？你知道如何给自己设定新的目标吗？你如何帮助他人实现目标呢？当你着手实现下一个大目标时，你如何做得更好呢？当事情变得艰难时，你如何保持正确的观察和思考呢？以下 50 条建议能在你今后的人生奋斗中助你成功。

1. 一旦觉得梦想难以实现，就重新审视一下你的梦想。

2. 保持你的幽默感，做你喜欢的事情。

3. 选择追寻一个你能轻松而快速实现的梦想。

4. 完成一个你曾放弃的项目。

5. 基于你已完成的事情来寻找衍生项目。

6. 将你所完成的事业发展成更好的事业。

7. 在开始另一项重大事业前，清晰定义你的目标和任务。

8. 回想别人对你的梦想所开的玩笑，誓把它变成事实。

9. 追寻那些能带给你最多幸福感的目标。

10. 看看另一个梦想是否能纳入你其他的长期目标中。

11. 允许你自己犯必要的错来达成你的目标。

12. 从你和其他人身上的每一个教训中汲取经验。

13. 改变浪费时间或不起作用的日常琐事。

14. 提高你的工作习惯、能力和标准以追寻新目标。

15. 挑战自己把你的某个缺点变成优点。

16. 保证你的工作日程表连续而有弹性。

17. 即使累了、心情不好或没有灵感了，也要追寻你的日常目标。

18. 随时准备好利用不期而至的机遇。

19. 避免浪费时间且分散你的注意力的惯常小事。

20. 自我约束，忽略或消除分散注意力的事情。

21. 将每一个你所面临的问题或障碍看作是一次机会。

22. 利用所有手边的资源帮你实现目标。

23. 不断向着你的目标前进，而不去考虑成功或失败。

24. 遇到僵局或拦路虎时要坚持不懈。

25. 阅读大量能助你达成目标的书籍和杂志。

26. 写下你自己的成功配方，贴在你每天都能看到的位置。

27. 就算成功的可能性很小，也要勇闯新目标。

28. 避免剥夺你自信心和积极性的负面的自我对话。

29. 通过积极的自我对话燃起你对成功的欲望。

30. 结交给予你和你的目标热忱支持的人们。

31. 回避那些贬低你或损伤你自信心的悲观主义者。

32. 与追梦者培养友谊。

33. 为你想实现的梦想负责。

34. 不要疏远你的支持者。

35. 找一些榜样来模仿学习，然后掌握他们成功的技术和策略。

36. 成为导师，帮助他人实现梦想。

37. 与志同道合的人们建立合作关系。

38. 研究那些已达成你所想完成的目标之人的职业道路。

39. 吃好、睡好，身体是实现梦想的本钱。

40. 安排闲暇时光陪伴家人和朋友。

41. 寻找高效而欢乐的方式度过你的闲暇时光。

42. 辩证地看待你的成功和失败。

43. 展现出自信，那么他人会相信你和你的目标。

44. 确定你的最大优势，积极进取直到你成为你的领域里的专家。

45. 与他人分享你的专业知识。

46. 当你完成了任务和目标后，列举出大大小小的方法来奖励自己。

47. 访问成功人士，发掘他们成功的秘诀。

48. 总是给自己确定新的目标。

49. 构思那些看起来无法实现的，除了你这样的追梦者没人会想到的"异想天开"的项目。

50. 既然你知道如何让梦想照进现实了，想象自己实现了所有梦想的场景吧。

结　语

　　这感觉好极了——你实现了终身的目标。这需要多少的艰苦奋斗和坚持不懈以致有时你会想自己是怎么做到的。然后你回忆起让梦想照进现实之路上的每一步：决心、计划、行动和坚持。

　　这个想法一开始在你脑中萌芽之后，你又考虑再三，它是否值得你为之努力或是说要不然将之延后进行。思考了各种利弊后，你打算放手一搏并作出承诺。而后你确定了主要的障碍随之设计出许多的策略和方法。由此你绘制出你的中期目标图，并组织好必要的步骤实现你要着手去做的事情。

　　当你准备好行动时，你目标明确地放手一搏，一往无前而不间断。你利用起所有的资源，发挥你的创造性技能，调整你的速度，使得你自己能持续奋斗。如果有人批评你的工作，你会从你的错误中汲取教训并坚持到底。尽管不是所有的努力都能让你立马成功，但你没有放弃。你继续向前推进，克服掉了缺点，并朝着你的中期目标更靠近了。你达到了你的长期目标的终点，皆因你守住了最后期限，在必要时寻求帮助并且一直在正轨上。

你实现了自己的梦想，你给自己庆贺了一番并好好地放松玩乐。尽管你为你的成就而开心不已，但你没有被胜利冲昏头脑。你客观地看待你的成就，并记得对每个帮助过你的人表示感谢。你继续向前看，追寻更高的目标。

你的未来还有更多目标等着你来实现。你要问自己的下一个问题是，"我应该选择追寻哪些目标呢?"你决定要追寻哪些目标已经不再重要了，既然你已了解帮你成功的步骤是哪些，你知道的……

做好小事情，就能实现大抱负!

附　录：
解决问题之策略

第一章：五年后你想在哪里？

解决问题之策略：明确你的目标。

这一策略能助你明确有价值并可行的目的。

第二章：你做这件事的大动机是什么？

解决问题之策略：制定优缺点图表。

这一策略能帮助你聚焦最重要的问题，确立事情的轻重缓急，简化决策过程。

第三章：明确你会遇到的障碍

解决问题之策略：制定障碍清单。

这一策略能帮助你整理、分类和确定关键问题，这样你便能聚焦于对你的成功来说最重要的问题。

第四章：直面失败的恐惧

解决问题之策略：预见自己的成功。

众多运动员和演员都使用这一策略的可视化手段，这些曾帮助他们克服恐惧，获得成功。将可能发生的事情可视化，你能克服真正的、自我设置的障碍。

第五章　绘制你的大步骤

解决问题之策略：制作中期目标流程图。

这一策略帮助你在建立长期目标时，从开始到结束的各个中期目标的先后顺序。

第六章　安排你的小步骤

解决问题之策略：制作流程图的各个步骤。

这一策略帮助你组织各个小步骤，引领你走向一个中期目标。

第七章　启动你的计划

解决问题之策略：制作夹心任务。

这一策略通过将有趣的和无聊的活动结合，帮助你克服惰性。

第八章　发掘你的创造力　加速取得成果

解决问题之策略：制作夹心任务

这一策略帮你将你的想法组织绘制成图表，让你对各想法之间的联系一目了然。

第九章　步步为营 助你坚持到底

解决问题之策略：制作一个"难-易"配速图表。

这一策略帮你对简单、一般和困难的任务进行组织和日程安排，如此你能完成目标，且不会遭受慢性疲劳。

第十章　利用批评建议克服障碍

解决问题之策略：明确可能的解决方案。

这一策略帮你利用建设性批评找到解决方案。

第十一章　21种快速重启法　远离拖延症

解决问题之策略：制作一个每日工作日程表。

这一策略帮你开始并将努力贯穿始终，如此，你能完成你的中期和长期目标。

第十二章　克服完美主义　完成事情

解决问题之策略：给任务排列优先级。

这一策略帮助你专注于需要首先解决的最重要任务，从而克服完美主义。

第十三章　设定截止日期　按期完成

解决问题之策略：设置截止期限。

这一策略帮助你在特定时间内完成特定任务。

第十四章　寻求一切适时适地的帮助

解决问题之策略：利用外部资源。

这一策略帮助你专注于从多种渠道寻找信息、专业知识和协助以助你找到解决方案。

第十五章　最后冲刺

解决问题之策略：检查关键问题。

这一策略帮助你在完成目标之前及之后，解决五个重大问题。

第十六章　你已圆梦　接下来做什么呢？

解决问题之策略：运用绩效评价图。

这一策略帮助你在追寻某个长期目标时确认你的优势和劣势。

推荐书目

Bolles, Richard Nelson. *What Color Is Your Parachute? A Practical Manual for Job - Hunters and Career Changers* (Ten Speed Press, first published in 1970).

Brown, Les. *Live Your Dreams* (Avon Books, 1992).

Bykofsky, Sheree. *Me: Five Years from Now* (Warner Books, 1990).

Culp, Stephanie. *How to Get Organized When You Don't Have the Time* (Writer's Digest Books, 1986).

Edelston, Martin. *"I" Power: The Secrets of Great Business in Bad Times* (Barricade Books, 1992).

Griessman, B. Eugene. *The Achievement Factors: Candid Interviews with Some of the Most Successful People of Our Time* (Pfeiffer& Company, 1990).

Jeffers, Susan. *Feel the Fear and Do It Anyway* (Fawcett Columbine, 1987).

Lazarus, Arnold, and Allen Fay. *I Can If I Want To* (Warner Books, 1975).

Peale, Norman Vincent. *The Power of Positive Thinking* (Prentice-Hall, 1952).

Shea, Gordon. *Mentoring: Helping Employees Reach Their Full Potential* (American Man agement Association, 1994).

Sher, Barbara. *Wishcraft: How to Get What You Really Want* (Balantine Books, 1979).

关于作者

唐·加博尔是一位作家、交际训练师和"小谈话"专家。自 1980 年以来，他就开始关于谈话的艺术的写作和演讲，并面向机构组织、商业组织、公司及大学开办工作室，举办主题演讲。他是美国国家演讲协会和美国培训与发展协会的成员之一，也常常作为媒体嘉宾和代言人在荧幕上出现。他的客户包括：美国运通公司、美国管理协会、王冠书店、万豪酒店、美国有线电视网、纽约大学、兰登书屋、西蒙舒斯特出版公司、维亚康姆集团等。

唐·加博尔的全日制、半日制和小时制工作室是交互式的，有趣味性，重视实践，具备丰富的技巧和成人教学法基础。除了提供为特定团体或行业解决问题的定制化练习外，他还在有支持和安全的环境中为每位参与者提供个性化培训。唐运用授课、展示、角色扮演、实践练习、各种评估手段以及小组活动的方式，创造一个寓教于乐的环境，让每个参与者学习到个人和职业成功的意义。

唐·加博尔通过提高人们的设置目标和与人交流的能力，帮助许多人实现了他们的职业、社交和个人的希冀。为了完成这一目的，他于1991年创办了谈话艺术媒体（Conversation Arts Media）。

查询以下信息联系唐·加博尔，为您的团体了解关于本书的演讲或者作者其他的话题。你还可以得到他的免费谈话贴士表，"50种方式帮你提升谈话能力"，以及关于作者所著书籍和磁带的更多信息。请写信或电话详询：

Don Cabor

Conversation Arts Media

P. O. Box 150-715

Brooklyn, New York 11215

(718) 768-0824

鸣　谢

在此我要感谢几个人让本书得以出版。我深深地感谢我的妻子艾琳·考威尔，感谢她给予我源源不绝的鼓励，以及匠人级的编辑，贯穿整个项目的支持。我要感谢我的图书代理人和他的同事，感谢他们给我的反馈，他们的辛劳工作，以及他们在敲定本书合同时的沟通技巧。特别感谢我的父亲，他嘱托我如果打算做什么事，一定要做得对。我的父亲对工作和成功坚持不懈的态度鼓舞我对每一件事都全力以赴。我还要感谢我的母亲对我持续的鼓励和支持。在我小时候，她经常告诉我，只要我足够勤奋努力就能做任何我想做的事情（事实也证明，大多数情况下，她说的都是对的）。最后，没有我忠实的小伙伴们的长期陪伴我也完成不了这个耗时很久的项目，他们是我的办公室猫咪们：Sophie，Callie，Sylvester，Sobro 和 Amber。